基于计算机视觉的农作物病害图像识别与分级技术研究

刘永波 曹艳 胡亮 著 ■

jiyu jisuanji shijue de
nongzuowu binghai tuxiang shibie
yu fenji jishu yanjiu

四川科学技术出版社

图书在版编目（CIP）数据

基于计算机视觉的农作物病害图像识别与分级技术研究 / 刘永波, 曹艳, 胡亮著. —成都 : 四川科学技术出版社, 2021.8
ISBN 978-7-5727-0217-4

Ⅰ.①基… Ⅱ.①刘… ②曹… ③胡… Ⅲ.①作物 – 植物病害 – 图像识别 – 研究 Ⅳ.①S435

中国版本图书馆CIP数据核字(2021)第162093号

基于计算机视觉的
农作物病害图像识别与分级技术研究

著　　者　刘永波　曹艳　胡亮 等

出 品 人　程佳月
责任编辑　何　光
特约编辑　周美池
封面设计　张维颖
责任出版　欧晓春
出版发行　**四川科学技术出版社**
　　　　　成都市槐树街2号　邮政编码　610031
　　　　　官方微博：http://e.weibo.com/sckjcbs
　　　　　官方微信公众号：sckjcbs
　　　　　传真：028-87734035
成品尺寸　**146mm × 210mm**
印　　张　**6.75　字数 155 千**
印　　刷　成都市新都华兴印务有限公司
版　　次　2021年9月第1版
印　　次　2021年9月第1次印刷
定　　价　**38.00元**

ISBN 978-7-5727-0217-4

邮购：四川省成都市槐树街2号　邮政编码：610031
电话：028-87734035　电子信箱：sckjcbs@163.com

本书著者名单

著　者　刘永波　曹　艳　胡　亮
　　　　雷　波　唐江云　何　鹏

目 录

第一章
绪　论

第一节　研究背景及意义

　　农业是人类的衣食之源、生存之本，是人类从事社会活动的先决条件。农业是国民经济的基础，它为国民生产提供粮食、工业原材料、农牧资源等。在农业生产中，农产品的质量好坏、产量多少直接影响着人们的日常生活水平。若失去农业提供的粮食和生活必需品，人们的生活将无法安定，生产力得不到发展，社会不再稳定，国家会失去自立的基础。

　　从古至今，农作物的疾病都是制约农业生产的重要因素。在现代农业的发展进程中，农业病害的发生会给农业生产、农业经济、农业环境带来一系列的负面影响。近年来，由于人类生产导致的生态结构改变，以及全球气候变暖带来的环境恶化，使农作物病虫害时常发生，严重影响农产品的数量和质量，对农户造成了极大的经济损失，因此，在疾病发生前期对农作物进行快速、准确地识别和监测至关重要。传统的农作物病害鉴别主要依靠农户自身经验，凭借感官目测诊断农作物的病情，此方法简单且有一定效果，但农户毕竟不是专家，也并非所有农户都具备独立鉴别病害的能力。当病害特征相似、病害严重等级不同时，他们难以凭借肉眼来准确地识别，此时若通过查阅相关的病害书籍或邀请专家来进行病害的识别，难免需要消耗更多的时间和成本，也可能会错过防治病情的最佳时期。不仅如此，农作物病害发生的程度不同，所需治理的方法和喷洒农药的剂量也会随之有较大差异。

发生病害时若不能对症、对量下药，而简单使用大量无差别的农药来抑制病害，不仅可能耽误病情，而且多余的农药残留会对人体和土壤带来更大的危害。近年来，智慧农业的兴起和计算机视觉技术的不断发展，为农作物病害识别和病害分级鉴定提供了新的可能。

计算机视觉技术是一门研究如何让机器学会"看"的科学，通俗来说就是利用摄像头、数码相机、手机等图像输入设备代替人眼对目标进行测量、跟踪、识别的技术。计算机视觉技术作为人工智能（artificial intelligence，AI）领域的一个分支，其发展起源于 20 世纪 70 年代，这个阶段，人类研发出了更加智能的机器，人类将总结的知识赋予机器，人工智能进入了"知识时代"，但是人类的知识是在不断进步的，是一种不断延伸、不断进化的智能，人类赋予机器的智能始终是有限的，因此"知识时代"的人工智能发展遇到了瓶颈。20 世纪末期，机器学习算法开始萌芽，人类运用机器学习算法根据大量的原始数据（如图像数据）挖掘出事物潜在的规则和信息，并用于预测和分析。至此，人工智能进入了"机器学习"时代。21 世纪，随着对机器学习的研究不断深入，研究人员提出了深度神经网络的概念。

伴随着 AI 技术的快速发展，基于计算机视觉的农作物病害监测、识别和分级逐渐应用到现代农业领域，成为现代农业的研究热点。研究表明，利用计算机视觉技术可实现对农作物病害的快速、准确识别，以便采取预防和治疗措施。在农业机器人、精准农业和大田环境监测等领域也广泛使用计算机视觉和模式识别技术。农业病害的特征大部分最初表现在叶部，通常叶部会出现不同形状的病斑。不同的病害类型通常会呈现出不同的颜色、形状和纹理；不同的病害程度也会呈现不同的病斑数量和病斑面积。因此，研究如何通过农作物叶片图像来识别目标病害类型和鉴定病害分级程度是植物保护领域、计算机视觉领域、图像处理领域研究的一个重要方向。对病害精准识别，才能选择合适的方法对症下药；对病害程度分级鉴定，才能确定农药喷洒的剂量，进而提炼出完整的治理方案，降低农户的损失，减少农药对环境的污染。

现代农业不再是面朝黄土背朝天的农业，需要运用计算机物联网技术让农业智能化。通过图像采集系统可对农作物生长全程进行监测，运用物联网传输技术将图像信息传回服务器端，再通过计算机视觉技术对图像进行分析处理，生成决策信息对农业生产进行控制，通过智能化过程让农业产业更具"智慧"。除此之外，物联网技术加持的现代农业还可实现农产品溯源、构建农作物生长模型和农业专家决策系统，也可基于机器学习原理让计算机系统学习海量农业数据，形成农业智能专家系统。通过机器的自主学习能力，还能使专家系统自主学习演进，从而解决农业领域的复杂问题，提高系统决策水平。由此可见，该研究不但有助于农作物病害的防治，而且有利于推动智慧农业的发展。

第二节 研究现状概述

一、基于农作物图像分割的研究概述

计算机视觉图像处理技术中，无论是目标检测、背景分离还是特征提取，图像分割都是不可缺少的环节。在国内外研究中，早期农作物图像分割主要依赖边缘检测、分水岭算法、阈值分割等传统机器视觉算法实现。如：周天娟等利用聚类快速分割法和分水岭区域分割法成功分割成熟草莓果实图像，为机器人采摘草莓提供重心数据。张晓龙对黄瓜叶片图像采用邻域均值滤波法进行降噪等预处理后，采用最大类间方差阈值分割全法分离黄瓜图像的叶片和背景，取得了很好的分割效果。徐志洁提出了基于边缘检测的初始图像分割策略，引入高斯马尔可夫随机场（gaussian markov random field，GMRF）模型提取纹理特征，应用基于模拟退火的聚类方法实现了对遥感图像的分割。以上方法将传统机器视觉技术与农业图像特征结合，取得较好的分割效果。但由于农作物品种繁多，所呈现的病斑特征也完全不同，图片拍摄环境等因素也会影响分割效果，难以实现通用性算法。因此，在经典算法分割的基础上，国内外研究者引入了 K 均值聚类、概率论、深度学习模型等方法应用到农作物图像分割中。

为解决多个番茄重叠粘连时难以识别与定位的问题，李寒等人提出一种基于 RGB-D 图像与 K-means 优化的自组织映射（self-organizing map，SOM）神经网络相结合的番茄果实识别与定位方法，将处理后的数据输入到采用 K-means 算法优化的 SOM 神经网络中，得到点云聚类结果，通过坐标转换还原成真实世界的坐标信息，拟合得到各个番茄的位置和轮廓形状。（李寒，2020）张浩然等人针对木材表面多种节子缺陷检测问题，利用连续最大流算法（GM 算法）对木材节子缺陷图像进行分割，分割效果良好。为了满足烟叶快速、准确、自动提取特征的要求，何艳等人提出了基于机器视觉技术的烟叶分级特征提取的方法，该方法分割烟叶图像效果良好，为进一步完善机器视觉烟叶自动分级提供了理论基础和技术支持。南方平原耕地具有地块破碎、农作物种植品种多且空间分布混杂程度高等特点，运用传统的遥感技术方法精确监测农作物面积较为困难。任泽茜等研究者通过地面样地调查，获取杭州市余杭区瓶窑镇农作物样地的位置及种植品种数据，利用面向对象的多尺度分割方法与随机森林的分类方法对无人机航拍数据进行分割、分类，深入挖掘高分辨率遥感数据信息，用于提取农作物种植品种及其空间分布信息，实现高精度的农作物种植面积遥感监测，推进无人机遥感在农业中的深入应用，提高农业遥感应用效益。人参种植环境背景复杂，通过图像分析人参叶斑病的病症，刘媛媛等人提出一种 OTSU 和形态学相结合的人参叶斑病的病症图像分割系统，对人参叶斑病的病斑覆盖率分割结果与实际测量值相比误差小于 5%，满足人参作物现场监测诊断叶斑病病害严重程度的要求，也可为其他作物叶斑病的病症分割和叶斑病的病害严重程度诊断提供参考。准确识别茶叶嫩芽是实现茶叶智能采摘的前提，针对自然环境下的茶叶嫩芽图像分割受天气、光照等因素影响较大，夏华鹍等提出基于 SLIC（simple linear iterative clustering，SLIC）超像素的嫩芽分割方法，该方法不仅能抑制光照等因素对茶叶图像的影响，还能有效分割茶叶嫩芽。

二、基于农作物病害识别的研究概述

（一）基于颜色特征的农作物病害识别

随着遥感技术的发展和应用的不断深入，针对不同时间、空间和光谱分辨率的遥感数据越来越多地用于农业资源监测。（Ren, et al., 2009）在现有的疾病分类方法中，绝大多数都采用颜色特征来识别疾病。颜色特征是一种全局特征，它代表了事物的外表属性，不仅可以通过观察某些农作物叶部的颜色判断其长势，还可以将颜色作为分割复杂图像的识别特征。颜色特征凭借其优势已成为病害特征提取的重要特征向量。（袁万宾，2019）迄今为止，颜色特征提取多是关于颜色空间的参量、低阶颜色矩信息和直方图统计特征等，提取的特征参数可以较好地描述病害图像的颜色信息。（Zou, et al., 2007）

2013 年，Yakkundiamath, Rajesh 等人利用 K-means、人工神经网络、支持向量机等方法结合谷物的颜色纹理特征对谷物的真菌病病症状况进行了分类；因马铃薯患病叶片在早期发生变化，颜色与健康叶片不同，Manyi 等人在 RGB、HSV 颜色空间中利用颜色特征，建立了马铃薯晚疫病的无病和患病模型，该模型对马铃薯患病早期的识别率达到了 67.5%；Sun 等人采用比色法和扫描电子显微镜对桃病后果肉和果皮的颜色和显微结构特征进行了测定和评价，以作为桃病后组织外观和内在品质变化的指标。因为病原菌侵染会破坏膜结构，使多酚氧化酶与酚底物反应，然后氧化酚形成棕色聚合物，（Duan, et al., 2007；Chen, et al., 2009）同时，在正常细胞中，叶绿素酶和叶绿素蛋白复合物存在于完整叶绿体的叶绿体膜和类囊体中，它们之间互不接触。果实受病原菌侵染时，叶绿体受损，叶绿素酶与叶绿素接触，导致叶绿素降解，果实失绿；（Hao，et al.，2009）Mengistu 等提取了三种咖啡病害图像中，叶部的 11 个重要特征（包括 5 个灰度共生矩阵纹理特征和 6 个颜色特征），并通过主成分分析法对这 11 个特征降维，再采用遗传算法进行特征优选，结合径向基神经网络和自组织神经网络对测试样本进行识别。芦兵等提取了生菜的菌核病、炭疽病、白粉病在发病早、中、晚期以及健康的生菜叶片样本的高光谱信息，融合一阶到三阶矩和纹理，采用局部二值模式（local binaml patlerns，LBP）算子作为颜色特征和纹理特征，通过 SVR（support vector regression）预测模型识别生菜病害；Tianchi 通过数字图像的颜色分析将黄瓜作物病害过程与虚拟现实技术在显示器上动态显示的病害过程相结合，使观赏者观察到作物的整体病害过程，并对不同时间的病理变化有更直观的感受；Gongora-Canul 研究证明了稻瘟病的严重性可以对基于非绿色像素的数字方法进行量化，并且中低度和高度的视觉稻瘟病严重度水平的精确度分别为 0.83~0.96 和 0.69~0.92；许良凤等认为，可以通过提取玉米叶部病害图像的区域颜色、颜色共生矩阵和颜色完全局部二值模式三种特征，分别构建相应的支持向量机单分类器，再利用 K 近邻和聚类分析确定各单分类器的自适应动态权值，最后通过线性加权的方式进行融合判决；毛彦栋等人在玉米病害图像上对病斑的颜色、形状、纹理三种特征建立 SVM（support vector machine，简称 SVM）分类器对弯孢菌叶斑病、玉米灰斑病、锈病进行识别，并将识别结果和准确率结合构建证据体，通过 DS 决策输出了最终识别结果，准确率分别为 85%、95%、100%，平均准确率为 93.33%；2016 年关海鸥等人利用大豆冠层的颜色变化，识别大豆病害生长症状；2018 年周丽亚等人将颜色特征和氮素含量相关联，并借此构建模型诊断小麦氮素营养问题。

常用的图像颜色模型包括 RGB、CIE–XYZ、HSV、CMYK 和 YUV（YCbCr）等。颜色可以由不同颜色空间表达，在图像处理技术中，经常使用 RGB 颜色空间、HSI 颜色空间和 HSV 颜色空间来描述颜色。三种常用颜色空间表如表 1–1 所示。在袁万宾对小麦叶部病斑特征参数的提取过程中，就将其中的 RGB 颜色空间作为图像颜色特征提取的空间模型。（袁万宾，2019）除此以外，颜色直方图（张建敏，等，2019）和颜色矩（韩丁，等，2016）也是高效的颜色特征表示方法。

表 1–1　常用颜色空间表

颜色空间名称	颜色空间相关描述
RGB 颜色空间	彩色电视机原理：以 R、G、B 三种基色为基础叠加得到不同颜色；易被光照影响
HSI 颜色空间	类似人类对颜色的感觉方式：H 指色调、S 指饱和度、I 指亮度；空间表达相对复杂
HSV 颜色空间	H 指色调、S 指饱和度、V 指明度

（二）基于形状特征的农作物病害识别

形状是物体的存在和表现形式，是现实物体信息的重要描述。相对于物体的颜色和纹理特征，形状特征的表达必须以对图像中物体或区域的划分为基础。形状的提取方法通常要以轮廓特征和区域特征来表示，轮廓特征诠释了物体的边界描述，而区域特征则描述了整个形状区域。（刁智华，2019）形状特征的提取在计算机视觉分类识别中起着重要的作用。采集植物叶片图像，设计提取叶片形状特征的算法，可用于植物分类的自动识别。

（陈良宵，2017）病斑的形状特征（包括病斑区域的形状参数、长短轴、紧密度、矩形度和方向等）也是判断病害所属种类最有效的重要依据。（刘立波，2008）。

在形状特征方面，国内外学者做了一系列积极的探索，并取得了一定的研究成果。2002年，龚国淑等人应用周长面积法和曲线长度法对包括水稻纹枯病在内的四种病害病斑形状的分形维数进行分析，发现病斑的形状信息具有明显的分形特征，并且可用分形维数表示病斑的复杂性，分形维数和形状复杂度呈现正相关关系；前人研究表明对病斑形状特征的描述主要分为基于病斑区域的本身、基于病斑区域的轮廓和基于病斑区域的骨架三种，毛彦栋等人在提取病斑区域的基础上对病斑区域的形状特征进行提取，得到的四个目标参数包括病斑区域面积，像素意义下与目标区域具有相同标准二阶中心矩的椭圆的长轴长度和短轴长度，目标区域边界像素元素所连成的闭合曲线的周长，并可根据这四个特征参数计算出矩形度、圆形度、形状复杂性、伸长度等四个形状参数，进一步用于建立SVM分类器，对玉米灰斑病、弯孢菌叶斑病、锈病进行识别；Chen等人通过小麦全蚀病的形状特征和发病机理，基于TM影像实测光谱和DN值的特征信息提取，通过GPS定位的像素，对小麦的病害感染进行了监测；Yutaka利用遗传算法，结合目标的形状特性与分光反射特性建立识别模型，实现对黄瓜炭疽病的准确识别；（Yutaka，1999）Chesmore等人根据孢子图像中的形状特征参数（包括孢子表面积、周长、凸起数、凸起大小及最大半径和圆形度）等进行了孢子图像的分类；（Chesmore, et al., 2003）病原菌的显微形态具有特异性，其形状特征如轮廓信息和椭圆度等也为数字图像处理技术进行病原菌的自动识别提供了依据，已有学者通过显微图像采集系统对植物病原菌真菌孢子图像进行采集，提出了基于形状信息的贝叶斯分类算法，实现了多种植物病原菌的诊断；邵庆等人通过计算小麦病斑的矩形度、圆形度、横纵比、周长及面积五个特征量研究了小麦条锈病，为病害的诊断系统提供了数据信息。（邵庆，等，2013）李先锋等利用形状特征，选取基本几何特征、无量纲几何特征及 Hu 矩特征等参数对作物与杂草进行了识别和研究，并证实了优化后的混合特征具备精确识别作物与杂草的能力，使得形状特征在农田杂草识别技术中进一步优化。（李先锋，等，2010）杭腾等通过对番茄的株高、茎粗以及果实的横截面积等形状特征进行实时监测，利用机器视觉的方法实现作物生长信息的快速测定。（杭腾，等，2015）Jia 等人提取了黄瓜细菌角叶斑病和霜霉病的形态特征，并利用这些特征研发了基于形状特征的黄瓜叶斑病识别方法。（Jia, et al., 2013）Yousefi 等通过旋转不变小波描述子引入来描述形状特征，优化了形状特征的分类表现（相较于椭圆傅里叶形状）与椭圆傅里叶描述叶形状比较，该形态特征具有较好的分类表现。（Yousefi, et al., 2017）

目前很多学者的研究表明仅将植物叶片形状特征作为目标物体的分类依据是不够的，尽管已有不少研究人员将叶片的形状和纹理特征相结合，但识别效果依然不理想；（田杰，2015）基于形状特征在农作物病害识别方面应用广泛，在一些形状特征明显的病害中使用该特征识别效果良好，但也会有一些非常复杂的形状特征难以提取和识别，需要考虑病害形状特征的识别效果，如形状特征处理形变图像的效果就相对一般。除此以外，图像分割的效果会直接影响形状特征参数的提取，因此，寻找合适的病斑分割方法是提取形状特征的一个关键部分。

（三）基于多光谱的农作物病害识别

农作物会因病害的发生而改变其内部的新陈代谢，进而影响其细胞及色素含量、水分含量和细胞间隙。（王慧哲，2006）经Kokaly 等人研究发现，健康植物的某一部位在发病后某些特征波段的光谱信息会发生不同程度的变化。（Kokaly, et al., 1999; Rencz, et al., 1985）因此，光谱分析技术可以发挥其快速便捷的优势，在人眼无法感受的光谱范围内检测病害的发生及严重情况，并应用到出入境的港口、机场等的病害检验检疫方面。光谱成像技术是机器视觉技术结合光谱分析技术的产物，其具备同时获取研究对象光谱和图像信息的能力，因此其也可以得到研究对象更为详细全面的信息。（张初，2015）光谱成像技术得到的样本信息可以通过光谱、图像以及二者结合进行分析处理，充分利用样品所提供的信息。目前在农作物病害检测领域，研究应用较为普遍的光谱成像方法有多光谱成像、叶绿素荧光成像、高光谱成像和拉曼光谱成像等技术。光谱成像比光谱分析技术更加丰富详细，因为其图像中每一个像素点都有着多个光谱波段的信息。

2002 年，Kos 等人通过 FTLR 技术完成了对玉米镰刀菌及其毒素污染的检测；2004 年，Miriam 等人发现纸杯指数的光谱中心在 800 nm 和 694 nm 组合的光谱中可以检测到小麦受麦二蚜攻击的病害特征；（Miriam, et al., 2004）柴阿丽等人通过使用傅里叶变换红外线光谱技术，对植物病害早期检测进行探索性研究。利用 FTIR 技术 [1]，以黄瓜棒孢叶斑病为研究对象，研究了当病症还未在叶片表面出现时，黄瓜棒孢叶斑病的早期诊断方法；（柴阿丽，等，2011）张初等人在对油菜菌核病的

---

[1]FTIR 技术：傅立叶变换红外线光谱。

研究中，利用高光谱成像技术（hyperspectral imaging）检测了油菜叶片和茎秆菌核病，通过激光诱导激发光谱（laser induced breakdown spectroscopy，LIBS）技术对健康与染病的油菜叶片进行了检测研究，使用叶绿素荧光成像技术（chlorphyll fluorescence imagine）对健康油菜和染病叶片及茎秆进行了研究；吴迪等人基于红光、红外光和绿光三种通道的多光谱成像系统，对感染了灰霉病的盆栽茄子的三种通道多光谱图像进行采集，实现了对茄子灰霉病叶片的识别、定位；（吴迪，等，2008）李泽东等则是在多光谱成像技术的基础上，研究了光谱编码以及光谱 / 倒数光谱融合编码技术对黄瓜叶片病害的识别，结果表明，融合编码技术更能识别黄瓜叶片霜霉病的程度。（李泽东，等，2011）

（四）基于深度学习的农作物病害识别

通过深度卷积神经网络学习模型来提取表示特征，该方法是深度学习特征的识别方法中最常用的一种，对学习到的特征进行端到端的自动分类并直接输出该图像的类别概率。深度学习模型在提取图像上下文信息及全局特征方面具有较大优势，因其可以从像素级原始数据到抽象语义概念逐层提取信息特征，深度学习的识别方法为农作物的病害识别提供了新的思路。（曾伟辉，2018）PlantVillage 数据集（Hughes，et al.，2015）以及一些基于简单背景的农作物病害识别（Mohanty，et al.，2016）占据了目前应用深度学习技术解决的大部分农作物病害识别研究工作。

PlantVillage 数据集上的图像背景简单、叶片完整清晰，与背景复杂、光照条件多样且叶片病斑辨识难的实际情况相比，病斑部位更加明显，有效改善了实际场景中复杂背景和噪声条件下较低的识别准确率和缓慢的识别速度。数据集的充实和完善对于深度学习特征的农作物病害识别方法起着不可替代的重要作用。除 PlantVillage 数据集以外，国内外也存在部分免费图像数据集供研究人员使用，如中国植物图像库、花卉识别数据集、四川农业病虫草害数据库等，图 1-1 为部分病害图像数据集。

a. 羊肚菌

c. 苹果轮纹病

b. 玉米丝黑穗

d. 甘薯瘟病

e. 柑橘痂疮病

f. 杧果痂疮病

g. 苹果黑星病

图 1-1 病害图像数据集

Mohanty S.P. 等研究者使用 GoogleNet 和 AlexNet 对 PlantVillage 数据集中 14 种农作物共 26 种简单背景病害图像进行分类，经比较得出了 GoogleNet 的平均分类效果比 AlexNet 略好的结论。（Mohanty，et al.，2016）Nachtigall L.G. 的试验团队使用 AlexNet 模型对 6 种苹果病害图像进行了识别，并且结果超过了专家识别的准确率。（Nachtigall，et al.，2017）Durmu H. 等人使用 AlexNet 与 SqueezeNet 模型对 PlantVillage 数据集中西红柿病害图像进行了分类识别并比较了两者模型的识别准确率，发现 AlexNet 模型的识别准确率相对较高，但模型大小和所用时间也更长。（Durmu，et al.，2017）Fuentes A. 等通过 R–CNN、R–FCN、SSD 三个深度学习元结构，结合 VGGNet 和 ResNet 深度特征提取器寻找到了适合深度学习的架构以检测番茄病虫害。（Fuentes，et al.，2017）Tooe 等通过将现有的深度卷积神经网络模型 VGG16、InceptionV4、ResNet50、ResNet101、ResNet152、DenseNets121 等进行微调来实现对植物病害的识别，其中 DenseNets121 精确度高，但是其训练参数量大，训练时间长，无法达到快速识别的目的。（Tooe，et al.，2018）Ding 等设计了一个任务驱动的深度迁移学习的图像分类框架，通过深度结构促进从源到目标的知识转移，获得了最优性能。（Ding，et al.，2016）李敬使用了一个包含输入输出层、2 层卷积层、2 层采样层和 1 个全连接层构成的卷积神经网络模型对烟草病害进行识别，并应用识别模型设计并实现了基于 Web 的烟草病害诊断系统。（李敬，等，2016）马晓丹等通过两级级联神经网络模型，实现了大豆叶部病害的自动诊断。（马晓丹，等，2017）孙俊等提出了归一化与全局池化相结合的卷积神经网络识别模型，并使用该模型识别了 PlantVillage 中的 26 种病害。（孙俊，等，2018）张航等人利用一个具有五层结构的深度网络模型对背景较为简单的小麦六种病害进行识别。（张航，等，2018）黄双萍等提出了一种基于深度卷积神经网络 GoogleNet 模型，利用 Inception 基本模块重复堆叠构建主体网络的方法检测水稻穗瘟病。该方法利用 GoogleNet 的深度和宽度来充分学习复杂噪声高光谱图像的隐高维特征表达，并实现穗瘟病害预测建模，其最高准确率达到 92.0%。（黄双萍，等，2017）Lu 等人提出了一种基于弱监督深度学习框架的现场自动小麦疾病诊断系统，实现了面向野外条件下的小麦疾病识别与疾病区域定位的集成。在 VGG-FCN-VD16 和 VGG-FCN-S 两种构架下，他们的系统在相同参数范围内优于传统 CNN 架构的识别精度，同时保证了相应疾病区域的准确定位，平均识别准确率分别为 97.95% 和 95.12%。王献峰等人提出了将自适应深度置信网络和判别限制玻尔兹曼机相结合的方法，以解决棉花病虫害预测中训练时间长和容易进入局部最优方面的问题。此方法模型相比于传统 BP 神经网络模型、强模糊支持向量机模型和 RBF 神经网络模型，识别精度都有较大的提升。（王献峰，等，2018）张善文等人提出一种基于环境信息和改进的深度置信网络的冬枣病虫害预测模型。在该模型中，通过无监督训练和有监督微调从冬枣生长的环境信息序列中获取可表征冬枣病虫害发生的深层特征的隐层参数，并形成新的特征集，然后在预测模型的顶层通过一个后向传播神经网络进行病虫害预测。（张善文，等，2017）

近年来，深度学习引起了国内外学者浓厚的研究兴趣，并在计算机视觉、图像分类与识别目标检测和语音识别等众多领域取得了突破性的进展，大量学者提出了包括卷积神经网络（CNN）、深度波尔茨曼机（DBM）、深度置信网络（DBN）在内的很多深度学习模型，并成功应用于图像识别和植物病害识别。

三、基于农作物病程分级的研究概述

在 21 世纪初，农业研究人员通过研究农作物病虫害的识别机制，为个人电脑（personal computer，PC）和掌上电脑（personal digital assistant，PDA）等应用终端开发了许多智能诊断系统。（Mehdipour, et al., 2017；Wang, et al., 2019）但这些系统却存在开发成本高、操作复杂、学习成本高、对网络环境要求苛刻等问题。在传统农业病害研究领域，对于水稻病害程度的田间定级通常是由农技人员进入大田内，随机观察数株水稻，通过目测的方式估算病斑占叶片面积的百分比，再参考大田叶瘟分级指标来判断发病程度。虽然人工统计量测的方式可以完全依照全国测报技术规范中针对水稻叶瘟病的分级标准，对于单株或单穴水稻的分级较为准确，然而总体来讲，此种方式随机性较大，存在取样点集中在病危区或恰巧避开了某些潜在病危区的情况。在监测面积较大的情况下，在田间全覆盖式的均匀分散选择采样点，会浪费大量的人力成本和时间成本，并且农技人员在暴露于空气中的细菌性病害中穿行，很可能将病菌传染给其他健康的植株，无意间加大了病害侵染的数量和面积。若采用非接触性监测方式对稻田进行病害程度分级可有效地避免人为扩散传播，同时无人机监测平台可以克服人工在水稻田内取样困难、样点分布不均的问题，可实现全覆盖采样，因此许多研究人员开始对基于图像的农作物病害分级标准展开了研究。

程爱霞开发了基于 Android 手机的黄瓜病害智能识别系统。该系统首先获取黄瓜病害图像的预处理结果，提取病害颜色特征并通过模式识别对黄瓜病害进行分类，再基于 Android+Struts 技术和 Tomcat 环境完成系统的搭建。（程爱霞，2016）谢新华通过机器学习方法对小麦叶部病害的颜色、形状和纹理特征进行识别，这种方法的识别准确率高达 85% 以上，同年，他还基于图像处理和模式识别方法设计了一种基于 Android 的小麦叶部病害诊断系统，诊断平均耗时 20 s。（谢新华，2016）王道勇通过基于 U-net 网络的图像分割算法实现田间环境中的目标麦穗分割、基于 PCNN 算法实现麦穗病斑分割、基于融合特征的病害严重度分级实现了对不同严重程度的特征进行分类。（王道勇，2020）钱晔等人通过聚类分析识别月季病虫害特征，并结合 Android 系统、SQLite 数据库和 MatLab 平台开发了一款基于 Android 手机系统的月季病虫害智能系统，且在最终的测试中误差率仅为 2%。（钱晔，等，2019）刘洋等通过迁移学习、深度学习、框架 MobileNet，在自建的葡萄叶片病害图像数据集上实现 87.5% 的准确率，且移植到 Android 手机上后，平均运行时间约 174 ms，能快速准确地识别葡萄叶片病害。（刘洋，等，2019）陈俊伸以无人机低空航拍的分蘖水稻图像及其病斑标注样本作为数据集，基于 Linknet 深度卷积神经网络结构训练水稻叶瘟病圈定模型，并结合不同程度病害图像特征构建叶瘟病分级模型，其准确率均在 97% 以上。（陈俊伸，2019）

第三节　国内研究现状分析

信息技术的快速发展，推动着各个领域的信息化进程。随着我国农业信息化的推进，信息技术在农业发展中的作用也日趋显著。图像识别技术是人工智能的一个重要领域。图像识别技术是指对图像内容进行对象识别，是一种识别各种不同模式的目标和对象的技术。对图像识别的研究也逐年升温，在 CNKI 中文期刊数据库检索"图像识别"，获得了 13 418 篇文章，通过发表年度趋势图，可看出对"图像识别"的研究始终处于明显上升趋势，如图 1-2 所示。得益于图像识别技术的快速发展，基于农作物病害图像的病害区域分割以及农作物病害图像识别方法与检索技术是农业现代化、信息化发展的研究热点和重点。

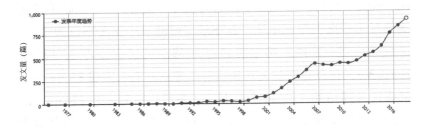

图 1-2   "图像识别"发表年度趋势图

一、病害图像识别研究现状

基于两个主要的中文期刊数据库 CNKI 和万方，采用检索词"病害 + 图像识别"， CNKI 共检索到 151 篇文献，万方数据库检索到 934 篇文章，其中学术文章 795 篇，发文趋势如图 1-3、图 1-4 所示，病害图像识别发文量逐年增长。截至 2018 年，2017 年发表论文数量最多，占总比的 13.13%，经过对比检索到的结果，发现 CNKI 数据检索到的结果与检索词相关性更高，万方的检索结果数量更多，但相关性下降。因此，判断 CNKI 具有更高的检准率。

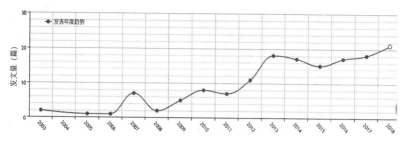

图 1-3　CNKI 数据库发文量趋势

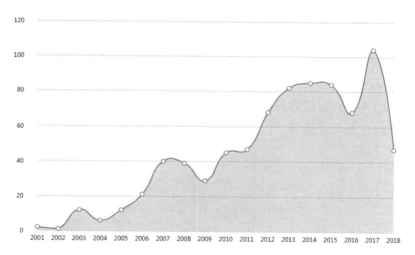

图 1-4　万方数据库发文量趋势

　　"病害+图像识别"检索结果显示，图像识别、图像处理、叶部病害、纹理特征、支持向量机为排名前五的主题词；研究的对象包括：小麦病害、黄瓜病害、玉米叶部病害、水稻病害。

二、农作物病害图像识别研究现状

　　鉴于 CNKI 数据库比万方数据库具有更高的检准率，因此，基于论文内容分析农作物病害图像识别研究现状时，选择基于中文期刊数据库 CNKI 进行统计分析：采用检索词"农作物＋病害＋图像识别"，共检索到 30 篇文献，发表文章的总体趋势分析为总体上升趋势，如图 1–5 所示。文章类型主要以硕士论文为主，占总发文量的 60.0%；其次为博士论文，占 16.7%；期刊占 23.3%。文章学科主要分布在信息科技和农业科技，分别占比 51.1% 和 38.3%，其余 10.6% 分布在工程科技、社会科学、哲学与人文科学。按照发文数量，发文主要机构排名先后为：中国科学技术大学、西北农林科技大学、河南大学、华南农业大学、西南科技大学、山东农业大学、扬州大学。从发文机构可以看出，高校是研究农作物病害图像识别的主要机构；项目基金分布在国家星火计划（3.1%）、农业部"948"项目（3.1%）、安徽省科技攻关计划（3.1%）、国家科技支撑计划（3.1%）及其他等。

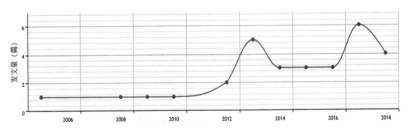

图 1–5　发文量趋势图

以"图像识别"为关键词的文章共 13 篇，剔除综述、模型研究类论文 3 篇，选取了 10 篇具有系统测试结果的论文为研究对象，对其研究作物、研究目的、研究方法、研究结果和发表时间进行了汇总统计，如表 1–2 所示。

表1-2　汇总统计表

序号	研究作物	研究目的	研究方法	研究结果	发表时间（年）
1	黄瓜和水稻	病害图像识别	卷积神经网络参数迁移方法	比无迁移的和传统机器学习提高1%~9%	2018
2	油茶	病害图像识别	深度卷积神经和迁移学习	识别率94%以上	2018
3	黄瓜	病害图像检索识别	基于图像检索融合的病害识别法	三种病害平均识别正确率达到90.84%	2018
4	大豆	病害图像识别	改进级联神经网络	病害诊断准确率达到97.67%	2017
5	小麦、玉米、大豆	病害图像识别	可拓展神经网络	识别率90%以上	2017
6	大麦	病害分类识别	综合LBP算子均匀模式和SVM	训练组识别率达到100%	2013
7	烟叶	病害自动识别	模糊模式识别方法和数学形态学	赤星病90%和野火病95%	2011
8	小麦	基于图像处理	小波变换和纹理矩阵计算	病害诊断准确率达到90%	2009
9	黄瓜	病害图像处理	Bp神经网络	分割病斑有效率97.8%	2008
10	黄瓜	病害图像识别	PCA_Bp神经网络和数学形态学	样本预测正确率90%以上	2008

从论文发表时间上看，2018年3篇、2017年2篇、2013年1篇、2011年1篇、2009年1篇、2008年2篇，农作物病害图像识别的研究经过一个平缓的发展期，这两年逐渐有更多的学者投身到这类研究当中，这或许意味着农作物病害图像识别即将迎

来一次研究热潮；从研究的农作物来看，主要集中在与人们日常饮食息息相关的作物，包括：黄瓜（4次）、大豆（2次）、小麦（2次）、水稻（1次）、油茶（1次）、玉米（1次）、大麦（1次）等。病害图像识别方法中有60%采用了神经网络的各类模型，2018年发表的3篇论文，就有两篇是基于卷积神经网络，同时引入迁移学习的方法，较为明显地提高了模型的收敛度和分类性能。针对深度卷积神经网络模型耗时问题，利用迁移学习方法能够提高模型训练效率与识别准确率。另外，对大麦病害分类识别的研究，综合局部二值模式（local binary patterns，LBP）算子均匀模式和SVM，研究结果表明，训练组识别率达到100%。

三、近三年农作物病害图像识别研究现状

考虑到计算机信息技术发展迅速，选取农作物病害图像识别技术近三年的发文情况，进行分析。在CNKI数据库中获得"病害+图像识别"检索结果151篇，选取2016—2018年数据，过滤掉非农作物病害的研究论文，获得41篇论文，其中，2018年18篇、2017年14篇，2016年9篇。2018年基于卷积神经网络的研究有5篇、基于深度学习的有2篇、基于Android平台的研究有2篇。可以看出当前研究热点为神经网络的不同模型应用到农作物病害图像识别研究，另外，PC端的识别系统，正向手机等移动端应用发展。

四、小结

不同的研究机构对农作物病害图像识别开展了广泛的研究，并且识别率大多数在90%以上。无论是哪一种识别模式，均需要样本对系统进行训练，即使是结合了迁移学习，也是需要一定

量的样本集，而且数据扩充有助于增加数据的多样性，避免出现过拟合现象。因此建立对应农作物病害样本库（特征库），对农作物图像识别系统来说是一项基础工作，需要研究建立建库的规则和标准，以提高样本库的质量。这些工作能够决定图像识别系统的准确率。随着计算机技术和算法的发展，对用户拍摄待识别的病害图片的要求应该是越来越低，但同时，底层的样本库的准确性、全面性一定要保证。目前研究农作物病害图像识别的机构集中在高校，吉林省农业科学院和安徽省农业科学院在做相关研究，但农业科学院（以下简称为农科院）开展研究的比例很小，没有发挥出农科院的优势。农科院通常都有专门的植保单位，拥有作物病虫害专家，专家的知识在建立农作物病害样本库（特征库）时至关重要，因此，如果植保专家把专家知识信息化，将大大有助于让病害识别系统从试验室走向田间，基于识别系统更多应用也才能随之开展——例如，基于病害识别的自动洒药、基于病害图像识别的病害定级等。

## 第二章

农作物图像预处理

　　基于计算机视觉技术的农作物图像分析主要步骤包括：图像采集、图像预处理、特征提取和目标分类。图像预处理的作用在于增强图像中用户感兴趣的信息，消除对图像分析意义不大的信息。经过摄像头、数码相机、手机、扫描仪等图像输入设备所采集的图像都需要经过预处理。无论是基于传统机器视觉技术的图像分析，还是基于深度学习模型的图像模型，图像预处理都是必不可少的环节。常用的图像预处理操作包括：图像灰度化、图像增强、图像平滑、图像的几何变换等。

第一节　图像灰度化

　　彩色图像所包含的数据信息远大于灰度图像，常用的彩色空间域有 RGB、HSV、CMY 等，其中最常见的就是 RGB 颜色空间。在 RGB 颜色空间中，彩色图像分为 R、G、B 三个分量，分别表示红、绿、蓝三种颜色通道的变化以及它们相互叠加所显示出的颜色。RGB 颜色空间的彩色图像最为常见，但在处理图像时，需要分别对 R、G、B 三种分量进行处理，过程相对烦琐，且 RGB 颜色空间的图像更多是从光学角度反映图像的颜色调配，而不能反映图像的形态特点。

灰度化就是使彩色的 R、G、B 分量相等的过程。灰度图像中每个像素点的值被称为灰度值，代表灰度图像中该点颜色的深度，范围通常为 0~255，其中 0 代表黑色，255 表示白色。灰度值即可理解为色彩从深到淡的程度。图像拥有 256 级灰度，这样的精度既能够避免图像失真，又非常便于图像编程处理。

常用的图像灰度算法主要有以下 3 种：

1. 最大值法

最大值法是指将 R、G、B 三个通道中的分量，取其中最大值作为该像素点的灰度值，其公式为：

$$R = G = B = \max(R,\ G,\ B) \qquad (2-1)$$

2. 平均值法

平均值法是指将 R、G、B 三个通道中的分量求平均值，将平均值作为该像素点的灰度值，其公式为：

$$R = G = B = \frac{R + G + B}{3} \qquad (2-2)$$

3. 加权平均值法

加权平均值法从人体生理学角度出发，根据人类对红、绿、蓝三种颜色的敏感度不同，而赋予每个分量不同的权重，每个像素点的灰度值通过三分量加权求平均值得出，其公式为：

$$R = G = B = W_R R + W_G G + W_B B \qquad （2-3）$$

由于人眼对蓝色敏感度最低，红色其次，对绿色敏感度最高，因此通常将 W_R 取值为 0.299，W_G 取值为 0.578，W_B 取值为 0.114。

为更直观地对比三种灰度算法的效果，我们以玉米叶片图像为试验素材，用 Python+OpenCV 的编码方式分别实现三种灰度算法，其结果如图 2-1 所示。

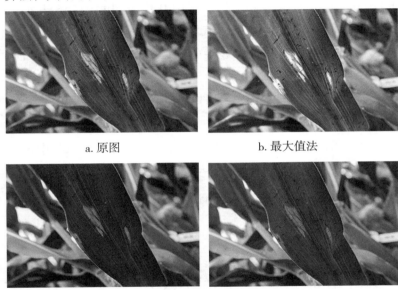

a. 原图　　　　　　　　　　b. 最大值法

c. 平均值法　　　　　　　　d. 加权平均值法

图 2-1　三种灰度值算法的效果

由图 2-1 可见，采用最大值法的灰度图所呈现的图像亮度更高。平均值法的公式简单，易于维护，同时让图像边缘更为清晰，但阴影和亮度的细节不够好。加权平均值法更符合人体生理学的感官。三种算法各有优缺点，研究人员在处理图像时可根据具体情况选择最适合的灰度处理方案。

第二节　图像增强

图像增强是指突出图像中有意义的信息，它是处理图像模式识别中非常重要的预处理过程。图像增强并非增加图像中的数据信息，而是强化图像中"有价值"的信息，弱化图像中"无价值"甚至对图像带来干扰的信息。采用技术处理后的图像更符合人类的感官，或更利于计算机的处理。图像增强的优点包括：

（1）增强图像的目标区域，使有利于图像识别的信息得到增强，不利于图像识别的信息被抑制。

（2）图像增强能有效改善图像视觉效果，提高图像的对比度、清晰度。

（3）图像增强可有效抑制图像在拍摄、传输、处理过程中产生的噪声。

（4）在深度学习的模型中，图像增强可以对原始图像的数量进行扩充，扩大图像训练集，提升模型训练度。

图像增强按实现方法不同可分为空域增强和频域增强。

一、空域增强

空域增强是以灰度映射为基础，直接操作二维空间图像像素的一种方法。空域增强的算法分为两类，即点运算和邻域运算。其中点运算方法包含图像的灰度级校正、灰度变换和直方图修正等，目的或使图像成像均匀，或扩大图像动态范围，扩展对比度。以灰度图亮度调整为例，对图像像素点灰度值做调整可实现灰度图像亮度的明暗变化，其运算公式为：

$$g(x, y) = f(x, y) + c \qquad (2\text{-}4)$$

其中 $f(x, y)$ 表示对应像素点的灰度值，c 为调整参数，$g(x, y)$ 为调整后的灰度值。此方法通过最基础的点运算操作实现图像亮度调整。

直方图均衡化是点运算的一种常用方法。在图像处理领域中，我们利用直方图调整图像对比度的方法叫作直方图均衡化。当图像的有效数据对比度比较接近时，常使用直方图均衡化调整图像的全局对比度。经过直方图均衡化调整后的图像亮度可以更好地在直方图上分布。通过这样的方法可达到增强局部对比度而不影响整体对比度，直方图均衡化通过有效的扩展常用的亮度来实现这种功能。

为更直观体现直方图均衡化提升图片对比度的效果，我们以苹果黑星病图像为例进行试验。苹果黑星病是一种世界性苹果病害，其叶片上病斑近圆形或呈放射状，初期叶上生绿褐色霉层，稍后霉层渐变为褐色至黑色，如图 2-2 所示。

图 2-2　苹果黑星病

将黑星病原图做灰度化处理，再利用 Python 语言中的 Numpy 数组绘制黑星病灰度图像的 2D 直方图，结果如图 2-3 所示。

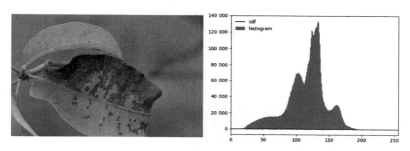

图 2-3　苹果黑星病直方图

图 2-3 中 histogram 代表灰度值直方图分布情况，cdf 表示累积分布函数。可以看出直方图分布相对集中，我们要实现直方图分散布局，能够覆盖整个 x 轴，就需要利用直方图均衡化来实现。

灰度直方图均衡化算法实现步骤：

（1）统计原始图像各灰度级的像素数目 n_i，L 是图像中所有的灰度数（通常为 256）；

（2）图像中灰度为 i 的像素的出现概率是：$p_x(i) = p(x = i) = \dfrac{n_i}{n}$，其中 n 是图像中所有的像素数，$P_x(i)$ 是像素值为 i 的图像的直方图，归一化到 $[0, 1]$；

（3）p_x 的累积分布函数，是图像的累计归一化直方图：

$$cdf_x(i) = \sum_{j=0}^{i} p_x(j) \qquad (2-5)$$

（4）直方图均衡化计算公式，$cdf_{\min}$ 为累积分布函数最小值，M 代表图像的长度像素，N 代表图像的宽度像素，灰度级数为 L，v 为原始图像中的像素值：

$$h(v) = round[\frac{cdf(v) - cdf_{min}}{(M*N) - cdf_{min}} * (L-1)] \qquad （2-6）$$

经过直方图均衡化处理后的苹果黑星病图像如图 2-4 所示：

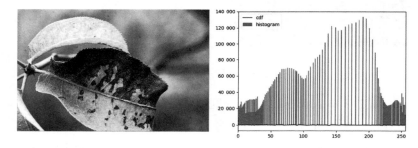

图 2-4　直方图均衡化后的图像

观察图 2-4 可知，经过直方图均衡化处理后的苹果黑星病图像对比度增强，图像的明暗更加清晰。直方图红色部分更加均匀地分布在 x 轴。

二、频域增强

从频域空间来分析图像，图像的信息可视为不同频率分量的组合。频域增强的原理是让某些频率或某个范围内的分量受到抑制，同时让其他分量不受影响，从而达到改变图像频率的分布，得到频域增强的效果。频域增强的主要步骤是：

（1）选择一种变换方法让输入图像变换到频域空间。

（2）在频域空间中，设定一个转移函数达到处理效果。

（3）反变换处理所得结果，实现图像增强。

按照不同的频域划分，可将频域增强分为高通滤波和低通滤波。对于一条正弦曲线来说，振幅的变化快就是高频，变化慢就是低频。对于图像来说像素值变化快就是高频，像素值变化慢就是低频。因此，使用低通滤波可帮助我们模糊图像、去除噪声，降低图像的高频成分。使用高通滤波可帮助我们去除图像低频成分，找到图像的边缘。傅里叶变换将图像转换成幅值谱（magnitude spectrum）：按频率从小到大由中心向四周扩散，幅值谱越亮说明像素越多，反之则越少。以攀枝花凯特杧果为例，将图像转换成幅值谱。其结果如图 2-5 所示。

图 2-5　杧果图像幅值谱

图像中心部分更亮，说明图像中低频分量较多。此时我们便可对图像进行频域变换。例如我们要提取图像的边缘轮廓，便可使用高通滤波，先通过傅里叶正变换得到幅值谱，去掉低频像素，再通过傅里叶逆变换得到图像边缘。同样以杧果图像为例，使用 Numpy 数组中的 FFT 逆变换，其结果如图 2-6 所示，可直观看到杧果的边缘轮廓。

 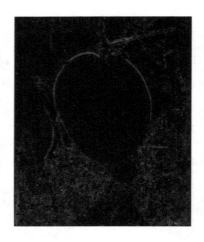

图 2-6　高通滤波后的杧果图像

第三节　图像平滑

图像平滑也叫作图像模糊，图像平滑是图像处理中最常用的方法。图像平滑的主要作用是降低图像锐度，去除图像中存在的噪点。图像平滑处理时通常会使用一个滤波器，滤波器分为线性滤波和非线性滤波。我们以线性滤波中最常用的高斯滤波，非线性滤波中的中值滤波和双边滤波为例，介绍图像平滑实现图像降噪的过程。

一、高斯滤波

高斯滤波（gaussian filter）是一种常用的图像平滑技术，通常用于减少图像噪点和降低图像细节层次。在计算机视觉算法中，高斯滤波常用于图像预处理阶段，用于模糊图像实现降噪效果，因此也被叫作高斯模糊（gaussian blur）。从数学角度来看，图像与正态分布做卷积就是图像高斯模糊的过程。由于正态分布又叫作高斯分布，所以这项技术就叫作高斯模糊。图像与圆形方框模糊做卷积将会生成更加精确的焦外成像效果。由于高斯函数的傅立叶变换是另外一个高斯函数，所以高斯模糊对于图像来说就是一个低通滤波器。高斯模糊是一种图像模糊滤波器，它用正态分布计算图像中每个像素的变换。一维空间正态分布方程为：

$$G(r) = \frac{1}{\sqrt{2\pi\sigma^2}^N} e^{-r^2/(2\sigma^2)} \tag{2-7}$$

在二维空间定义为：

$$G(u,v) = \frac{1}{2\pi\sigma^2} e^{-(u^2+v^2)/(2\sigma^2)} \tag{2-8}$$

其中 r 代表模糊半径，σ 代表正太分布的标准偏差。在实际图像处理中，我们以一张高斯噪声的甘薯瘟病叶部图为素材，如图 2-7 所示。

图 2-7 充满噪点的甘薯叶片

利用 OpenCV 中的 cv2.GaussianBlur 函数实现对图片的高斯模糊，其效果如图 2-8 所示。由图可见，经过高斯模糊处理的图像边缘、细节均变得模糊，但噪点得到有效抑制。

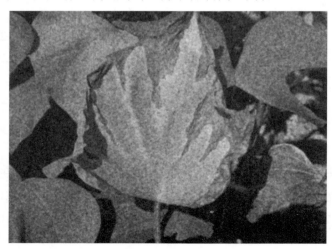

图 2-8 经过高斯模糊处理后的甘薯叶片

二、中值滤波

中值滤波（median filter）是一种非线性平滑技术。它的原理是将图像中某一点的像素灰度值修改为该点领域内所有像素点灰度值的中值，让周围的像素值接近真实值，以达到消除噪点的效果。方法是用某种结构的二维滑动模板，将板内像素按照像素值的大小进行排序，生成单调上升（或下降）的二维数据序列。二维中值滤波输出公式为：

$$g(x,y) = med\left\{f\left(x-k,y-l\right),\left(k,l \in W\right)\right\} \qquad （2-9）$$

其中，$f(x,y)$，$g(x,y)$分别为原始图像和处理后的图像。试验素材我们选取一张充满椒盐噪点的苹果轮纹病图像，如图2-9所示。利用 OpenCV 的 cv2.medianBlur 函数实现对图片的中值模糊，其处理结果如图2-9所示。

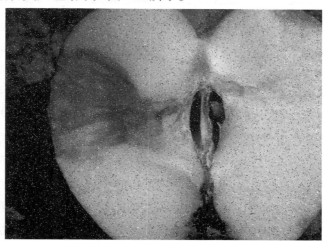

图2-9　充满椒盐噪点的苹果

由图 2-10 可见，椒盐噪点几乎完全被去除，中值滤波法对消除椒盐噪点非常有效，同时又能较好地保留苹果图像的原始细节信息。因此，中值模糊在图像处理中，常用于去除椒盐噪点。

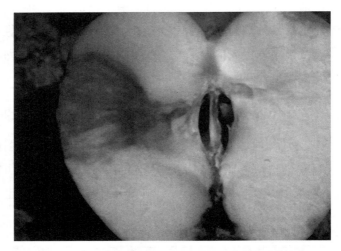

图 2-10　经过中值模糊处理后的苹果

三、双边滤波

双边滤波（bilateral filter）也是一种非线性的滤波方法，是结合图像的空间邻近度和像素值相似度的一种折中处理，考虑到空域信息和灰度相似性，可达到保留图像边缘的同时去除噪点的目的。一般来说，在图像边缘部分像素值的变化最为剧烈，而在非边缘区域变化较为平缓。因此，想要保留图像边缘需引入衡量图像变化剧烈程度的参数。在高斯滤波的基础上，叠加了像素值变化程度的元素，也就产生了双边滤波的概念。双边滤波的公式为：

$$\overline{I}(p) = \frac{1}{W_p} \sum_{q \in S} G_{\sigma_s}\big(\|p-q\|\big) G_{\sigma_r}\big(\|I(p)-I(q)\|\big) I(q) \quad （2\text{-}10）$$

其中 W_p 为：

$$W_p = \sum_{q \in S} G_{\sigma_s}\big(\|p-q\|\big) G_{\sigma_r}\big(\|I(p)-I(q)\|\big) \quad （2\text{-}11）$$

公式中 $G_{\sigma_s}\big(\|p-q\|\big)$ 代表空域权重，$G_{\sigma_r}\big(\|I(p)-I(q)\|\big)$ 代表范围域权重，G_{σ_s} 为空间域核，G_{σ_r} 为像素域核。空间域核其实就是二维高斯函数，可以把它视作高斯滤波，像素域核就是衡量像素变化剧烈程度的量。双边滤波由于直接通过代码实现上述公式较难，现阶段已存在成熟的双边滤波的函数库可直接调用。我们利用 OpenCV 中的 cv2.bilateralFilter（）函数，对图 2-7 中的甘薯叶片噪点图进行双边滤波处理，其结果如图 2-11 所示。

图 2-11　经双边滤波处理后的甘薯叶片

由图 2-11 可见，甘薯叶片的噪点得到了有效抑制，与高斯滤波的图片全局模糊不同。相对于高斯滤波处理后的图 2-8，在图 2-11 中叶片的边缘信息得到完整地保留。因此，双边滤波算法适用于对图像进行平滑同时保留边缘信息的预处理。

四、三种滤波的对比

本节主要介绍了图像平滑中最常用的三种滤波器：高斯滤波、中值滤波和双边滤波，以及它们的算法原理与实现效果。这三种滤波都能够在一定程度上消除噪点，但三种滤波具有不同特点，因此适用范围也不同。例如高斯滤波处理高斯噪点效果较好，而中值滤波处理椒盐噪点的效果较好。双边滤波则在降噪的同时能够很好地保留边缘信息。除了上述滤波器外，常用的图像平滑技术还有方框滤波、均值滤波等，每种滤波器的作用也不尽相同。研究人员在处理图像时可根据图片状态，经过反复试验后选择最适合的平滑技术。

第四节　图像的几何变换

图像的几何变换是在不改变内容的前提下对图像像素进行空间几何变换的一种处理方式。图像的几何变换实质是在改变图像中像素点与像素点的空间关系，通过改变图像的空间结构，来实现预处理的效果。图像的几何变换也可简单理解为源图像到目标图像的映射关系，通过这种映射关系能获得源图像任意像素点变换后的坐标，或者变换后的图像像素在源图像坐标的位置。常用的图像几何变换方法包括：缩放、平移、镜像、旋转、仿射变换、透视变换等。

在农作物病害图像处理研究中，图像的几何变换作用主要体现在以下 3 个方面：

（1）通过图像的缩放、旋转、平移等方法对不同数据源的农作物图像进行预处理，实现图片目标数据标准化。

（2）通过仿射变换、透视变换等方法矫正农作物图像拍摄中产生的角度问题。

（3）在深度学习领域，可通过对农作物图像平移、旋转、镜像等操作，扩充农作物图像数据集，实现数据增广。

下面将着重介绍上述几何变换方法，并举例说明此方法在实际运用中的效果。

一、缩放

在计算机视觉领域中，图像缩放（image scaling）是指对数字图像的大小进行调整的过程。在像素值不变的情况下，当一张图像缩小或是放大后，给人眼带来的感官效果会随之改变。若放大一张图片，组成图像的像素值可见度会很高，会使图片看上去有锯齿感。相反，若缩小一张图像会使它看上去更平滑、更清晰。图像缩放是一个非平凡的过程，在处理时需要在图像的大小和清晰度之间做一个权衡。

图像缩小技术可实现适应显示区域而缩小图片，同时也常被用于产生预览图片。图像放大技术可令一个较小的图片填充一个大屏幕。我们日常使用电脑时，实现全屏壁纸、视频全屏播放等都是基于这一原理。当你放大一张图像时，你不可能获得更多的细节，因此图像的质量将不可避免地下降。

图像缩放的算法原理可理解为：将给定图像在 x 轴方向按比例缩放 f_x 倍，在 y 轴方向按比例缩放 f_y 倍，从而获得一幅新的图像。其公式如 2-12 所示：

若 $f_x = f_y$，则该缩放为图像的等比例缩放。

若 $f_x \neq f_y$，则图像产生几何畸变。

$$\begin{cases} x = f_x x_0 \\ y = f_y y_0 \end{cases}$$ （2-12）

图像缩放实现过程相对比较简单，现如今市面上也有很多软件和移动端 APP 可轻易实现图像的缩放。我们以一张分辨率较高的油菜花图像为例，调用 OpenCV 中的 cv2.resize（ ）函数实现图像缩放。通过调整 cv2.resize（ ）函数中的缩放因子实现等比例缩放和非等比例缩放，结果如图 2-12 所示。

a. 原图

b. 等比例缩放

c. 非等比例缩放

图 2-12　图像缩放效果

由图可见，图 b 采用等比例缩放，图像长宽像素比例与原图一致。图 c 为非等比例缩放，长宽比例与原图不同，产生了拉伸的效果。

二、平移

图像平移（image translation）是指图像中所有像素点按照给定平移量移动的过程。根据平移的方向可分为水平移动（x 轴方向）和垂直移动（y 轴方向）。图像平移的实现过程是在同一坐标系下设坐标原点为 $P_0(x_0, y_0)$，经过水平偏移量 Δx，垂直偏移量 Δy，得到平移之后的坐标计算公式为：

$$\begin{cases} x = x_0 + \Delta x \\ y = y_0 + \Delta y \end{cases}$$

（2-13）

以图 2-12 中的油菜花原图图像为例，对该图像水平移动 100 个像素，移动效果如图 2-13 所示。

由图可见，原图向 x 轴方向平移 100 个像素，由于画布大小是固定的，平移后图像右边缘移出画布之外，而左边有 100 个像素的空区域。

图 2-13　图像平移效果

三、镜像

图像镜像变换（image mirror transformation）是指图像以一条给定的中轴线为中心进行镜像对换。深度学习的训练过程中，常常使用图像镜像变换的图像增强方法以提高模型的泛化能力。图像镜像根据中轴线的方向可分为：水平镜像、垂直镜像和对角镜像。

1. 水平镜像

水平镜像是指将图像的左右部分以图像垂直中轴线为中心进行镜像对换。在一张图像中，若设定图像宽度为 $Width$，高度为 $Height$，那么水平镜像的坐标变化公式为：

$$\begin{cases} x = Width - x_0 \\ y = y_0 \end{cases} \qquad （2-14）$$

其中 x_0、y_0 为像素原坐标。以一张手机拍摄的百日菊花卉图片为例，通过 Python 语言实现图像的水平翻转，效果如图 2-14 所示。

图 2-14 内百日菊以垂直中轴线为中心，呈水平镜像。

2. 垂直镜像

垂直镜像是将图像的上下两部分以图像水平中轴线为中心进行镜像对换。在一张图像中，若设定图像宽度为 $Width$，高度为 $Height$，那么垂直镜像的坐标变化公式为：

$$\begin{cases} x = x_0 \\ y = Height - y_0 \end{cases} \qquad （2-15）$$

其中 x_0、y_0 为像素原坐标。同样以百日菊花卉图片为例，通过 Python 语言实现图像的垂直翻转，效果如图 2-15 所示。

图 2-14 图像水平镜像

图 2-15 图像垂直镜像

图 2–15 内百日菊以水平中轴线为中心，呈垂直镜像。

3. 对角镜像

对角镜像是将图像以图像水平中轴线和垂直中轴线的交点为中心进行镜像对换，相当于将图像先后进行水平镜像和垂直镜像。若设定图像宽度为 Width，高度为 Height，那么垂直镜像的坐标变化公式为：

$$\begin{cases} x = Width - x_0 \\ y = Height - y_0 \end{cases} \tag{2-16}$$

其中 x_0、y_0 为像素原坐标。同样以百日菊花卉图片为例，通过 Python 语言实现图像的对角翻转，效果如图 2–16 所示。

图 2–16　图像对角镜像

图 2–16 内百日菊以对角线为轴，呈对角镜像。

四、旋转

图像旋转（rotation）是指图像以某一点为中心旋转一定的角度，形成一幅新的图像的过程。这一点通常为图像的中心点，以图像中心为原点旋转，则图像中各个点的位置旋转后离中心点的距离保持不变。在新建立的坐标系下，假设点 $P_0(x_0, y_0)$ 距离原点的距离为 r，点与原点之间的连线与 x 轴的夹角为 α，旋转的角度为 θ，旋转后的点为 (x, y)，如图 2-17 所示。

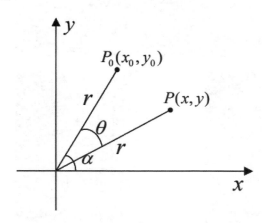

图 2-17　旋转点的位置

设顺时针旋转 θ 角后对应点为 $P(x, y)$，则有：

$$\begin{cases} x_0 = r\cos\alpha \\ y_0 = r\sin\alpha \end{cases} \quad (2\text{-}17)$$

$$\begin{cases} x = x_0\cos\theta + y_0\sin\theta \\ y = -x_0\sin\theta + y_0\cos\theta \end{cases} \quad (2\text{-}18)$$

下面我们利用 OpenCV 中的 cv2.getRotationMatrix2D 函数实现图像旋转。如图 2-18 所示，利用 cv2.getRotationMatrix2D 函数实现图像逆时针旋转 90°，旋转时需要将原图转换为灰度图，因此转换后显示为灰度图像。

图 2-18　图像的旋转

五、仿射变换

仿射变换（affine transformation）是一种二维坐标到二维坐标之间的线性变换。仿射变换保持了二维图像间的平直性

（straightness）和平行性（parallelness）。

其中平直性是指二维图像变换后直线依然是直线，不会弯曲变形。平行性是指二维图像的相对位置关系不变，平行线依然平行。

简单来说，仿射变换就是允许图形任意倾斜，且允许图形在水平和垂直方向上任意伸缩变换，如图 2-19 所示。

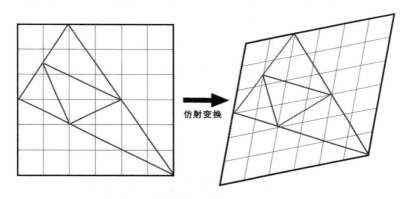

图 2-19　仿射变换示意图

由图 2-19 可知，仿射变换可以保持原有的点、线关系不变，即图形原有的平行线依然平行，原有的中点依然是中点，原有直线上的线段之间比例关系保持不变。仿射变换可以用以下公式定义：

$$\begin{cases} x' = a_1 x + a_2 y + t_x \\ y' = a_3 x + a_4 y + t_y \end{cases} \tag{2-19}$$

在齐次坐标下，该公式可以用矩阵形式表示为：

$$\begin{bmatrix} x' \\ y' \\ 1' \end{bmatrix} = \begin{bmatrix} a_1 & a_2 & t_x \\ a_3 & a_4 & t_y \\ 0 & 0 & 1 \end{bmatrix} = \begin{bmatrix} x \\ y \\ 1 \end{bmatrix} \tag{2-20}$$

其中 t_x、t_y 表示两个方向的平移量，a_i 代表图像旋转、图像缩放等变化。要创建这个矩阵，我们需要从原图中给定三个点以及它们在输出图像中的位置。再利用 OpenCV 中的 cv2.getAffineTransform 函数创建一个 2×3 的矩阵，最后将矩阵传给 cv2.warpAffine 函数实现图像的仿射变换。

在应用层面，仿射变换是图像基于 3 个固定顶点的变换。对油菜花图像给定的 3 个点坐标分别为 [50，50]、[200，50]、[50，200]，变换后 3 个点的坐标为 [10，100]、[200，50]、[100，250]，采用以上参数对油菜花图像实现仿射变换，变化后效果如图 2-20 所示。

图 2-20　仿射变换效果

六、透视变换

透视变换（perspective transformation）是把一个图像投影到一个新的视平面的过程，该过程包括：把一个二维坐标系转换为三维坐标系，然后把三维坐标系投影到新的二维坐标系。该过程是一个非线性变换过程，因此，一个平行四边形经过透视变换后得到的四边形并不平行。

透视变换的用途是将 2D 矩阵图像变换成 3D 的空间显示效果。例如：我们在拍摄一张平面二维码时，相机镜头可能因为拍摄者原因，造成拍摄时镜头与二维码存在一定的倾斜角，而不是镜头方向与平面二维码垂直朝下，我们需要将图像校正为正投影形式以提高识别成功率，就需要用到透视变换。

透视变换的实现方法是将图片投影到一个新的视平面，因此也被叫作投影映射。它的实现是将二维坐标系 (x, y) 转换成三维 (X, Y, Z) 坐标系，再投影到另一个二维坐标 (x', y') 空间的映射过程。透视变换将一个四边形区域映射到另一个四边形区域，相对于仿射变换，透视变化具有更好的灵活性。它不只是线性变换，也是通过矩阵乘法实现的，使用的是一个 3×3 的矩阵，矩阵的前两行与仿射矩阵相同，也就实现了线性变换和平移，第三行用于实现透视变换。透视变换公式为：

$$\begin{bmatrix} X \\ Y \\ Z \end{bmatrix} = \begin{bmatrix} a_{11} & a_{12} & a_{13} \\ a_{21} & a_{22} & a_{23} \\ a_{31} & a_{32} & a_{33} \end{bmatrix} = \begin{bmatrix} x \\ y \\ 1 \end{bmatrix} \qquad (2\text{-}21)$$

$$\begin{cases} X = a_{11}x + a_{12}y + a_{13} \\ Y = a_{21}x + a_{22}y + a_{23} \\ Z = a_{31}x + a_{32}y + a_{33} \end{cases} \qquad (2-22)$$

投影到二维坐标 (x', y') 的关系为：

$$x' = \frac{X}{Z} = \frac{a_{11}x + a_{12}y + a_{13}}{a_{31}x + a_{32}y + a_{33}} \qquad (2-23)$$

$$y' = \frac{Y}{Z} = \frac{a_{21}x + a_{22}y + a_{23}}{a_{31}x + a_{32}y + a_{33}} \qquad (2-24)$$

其中变换前的点是 z 值为 1 的点，它在三维平面上的值是 $(x, y, 1)$，在二维平面上的投影是 (x, y)，通过矩阵变换成三维坐标中的点 (X, Y, Z)，再除以三维坐标中 Z 轴的值，转换成二维中的点 (x', y')。从以上公式可知，仿射变换是透视变换的一种特殊情况。它将二维图像变换到三维，再转映射回之前的二维空间。

要实现透视变换中的 3×3 变换矩阵，需要在输入图像上找到 4 个点，以及它们在输出图像上对应的位置，且 4 个点中任意 3 点不能共线。利用 OpenCV 中的 cv2.getPerspectiveTransform（）函数构建矩阵，再将矩阵传给 cv2.warpPerspective（）函数实现透视变换。以一张写有"金针菇"字样的牌子作为试验对象，拍摄的时候，相机与字牌有一定的倾斜角度，通过透视变换将视角变为正投影，其变换效果如图 2-21 所示。

图 2-21　透视变换效果

　　试验中，将原图字牌中的 4 个点作为透视变换的基础原点，并标记为绿色。透视变换的过程就是将 4 个点拉伸至画布顶点，实现目标图像的正投影。

　　仿射变换与透视变换的区别在于原图仿射变换后，平行四边形的各边仍保持平行，而透视变换允许原图变换为梯形等不规则四边形，所以仿射变换可以看作是透视变换的子集。两者的区别可以用图 2-22 来直观展示。

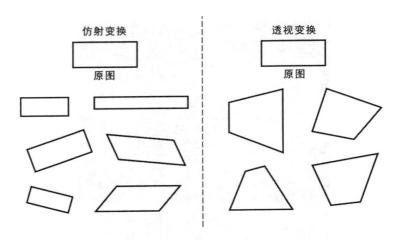

图 2-22　仿射变换与透视变换的区别

通常来说，在 2D 平面中仿射变换的应用较多，而在 3D 场景中透视变换又有了自己的一席之地。两种变换原理相似，结果也类似。针对不同的场景可选择适当的变换。仿射变换与透视变换在图像还原、图像局部变化处理方面具有重要意义。

第五节　形态学操作

形态学操作是根据图像形状进行的简单操作。一般来说形态学操作是针对二值化图像进行的操作。在操作时需要输入两个参数，一是原始图像，二是结构化元素或卷积核，它决定了形态学操作的性质。形态学中两个基本的操作是腐蚀和膨胀。它们的变体构成了开运算、闭运算、礼帽、黑帽等。本节我们将逐一介绍上述常用的形态学操作方法的原理，并举例说明以上方法在农业领域的应用。

一、腐蚀

图像的腐蚀（erosion）是一种基本的形态学运算，图像腐蚀的主要作用是寻找图像中的极小区域。腐蚀运算可用通俗语言描述为"图像领域被蚕食"，即对图像中的高亮区域或白色部分进行缩减细化，其运行结果图比原图的高亮区域更小。

形态学腐蚀的算法实现过程是对 z 中集合 A 和 B，将 B 对 A 进行腐蚀定义为：

$$A \ominus B = \left\{ z \middle| (B)_z \subseteq A \right\} \qquad （2\text{-}25）$$

其中 $\ominus$ 和 $\oplus$ 分别表示腐蚀和膨胀，该公式表明 B 对 A 的腐蚀是一个用 z 平移的 B 包含 A 中的所有的点 z 的集合。从技术角度可理解为图像 A 用卷积模板 B 来进行腐蚀处理，通过模板 B 与图像 A 进行卷积计算，得出 B 覆盖区域的像素点最小值，并用这个最小值来替代参考点的像素值。因 B 必须包含在 A 中，这一描述等价于 B 不与背景共享任何公共元素，因此也可将腐蚀的表达式等价定义为：

$$A \ominus B = \left\{ z \middle| (B)_z \bigcap A^c = \varnothing \right\} \qquad （2\text{-}26）$$

其中 A^c 是 A 的补集，$\varnothing$ 是空集。

腐蚀操作中会像土壤腐蚀一样把前景物体的边界腐蚀掉。将一张黑色背景前景为白色字体的图像作为示例图，使用一个 5×5 的卷积核，其中所有的像素值都是 1。卷积核沿着图像滑动，靠近前景时，周围像素值会被腐蚀掉（变为 0），达到前景物体缩小，整幅图像白色区域减少的效果，如图 2-23 所示。

图 2-23　腐蚀操作后的字体

　　运用 OpenCV 中的 cv2.erode 函数实现对白色前景字体的腐蚀，经腐蚀操作后的字体变得更"苗条"。

　　在农作物图像的处理中，形态学腐蚀操作可用于消除物体边界点，使二值化后的目标图像缩小，消除小于结构元素的噪点。我们以截菜花图像为例，如图 2-24 所示。

图 2-24　截菜花原图

将戴菜花图像做阈值处理后，花瓣周围呈现出大量不规则噪点，再使用形态学腐蚀操作，即可消除多数噪点。如图 2-25 所示，利用 5×5 卷积核腐蚀操作可消除大多数噪点，但腐蚀操作也侵蚀掉花瓣本身的一部分像素，因此腐蚀操作通常不会单独使用。

图 2-25 经腐蚀处理后的戴菜花

二、膨胀

图像的膨胀（dilation）也是一种基本的形态学运算，主要用来寻找图像中的极大区域。膨胀运算用通俗语言可描述为"图像领域的扩张"，即对图像中的高亮区域或白色部分进行扩大，其运行结果图比原图的高亮区域更大。

形态学膨胀的算法实现过程是 A 和 B 是 z 中的集合，将 B 对 A 的膨胀定义为：

$$A \oplus B = \left\{ z \middle| (\hat{B})_z \bigcap A \neq \varnothing \right\} \qquad （2-27）$$

该公式表示用 B 来对图像 A 进行膨胀处理，其中 B 是一个卷积模板或卷积核，通过卷积核 B 与图像 A 进行卷积计算，扫描图像中的每一个像素点，用模板元素与二值图像元素做"与"运算，如果都为 0，那么目标像素点为 0，否则为 1。B 对 A 的膨胀是所有位移 z 的集合，所以 $\hat{B}$ 和 A 至少有一个元素是重叠的。因此该公式可等价定义为：

$$A \oplus B = \left\{ z \middle| \left[(\hat{B})_z \bigcap A \right] \subseteq A \right\} \qquad （2-28）$$

膨胀操作与腐蚀相反，它与卷积核对应的源图像的像素值中只需其中一个是 1，中心元素的像素值就是 1。因此，膨胀操作会增加图像中的前景区域（白色区域）。因为腐蚀在去掉白噪点的同时，也会使前景对象变小，因此在上一小结中提到的腐蚀操作很少单独使用，通常是先使用腐蚀操作去掉噪点，再使用膨胀操作恢复前景对象的大小。同样对白色字体进行膨胀操作，效果如图 2-26 所示。

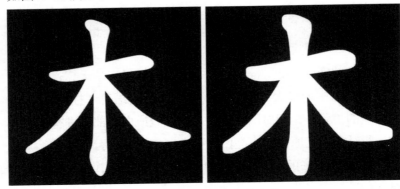

图 2-26　膨胀操作后的字体

运用 OpenCV 中的 **cv2.dilate** 函数实现对白色前景字体的膨胀，经膨胀操作后的字体变得更"臃肿"。

在农作物图像的处理中，形态学膨胀操作可用于连接两个物体，使二值化后的目标图像扩张，消除前景内部的噪点。我们以玉米灰斑病图像为例，如图 2-27 所示。

图 2-27　玉米灰斑病原图

将玉米灰斑病图像做阈值处理后，玉米叶片内部会因病斑而呈现出大量黑色斑点。使用形态学膨胀操作，即可消除多数斑点，获取到整个叶片的区域。

如图 2-28 所示，利用 5×5 卷积核膨胀操作消除叶片内部多数斑点，但膨胀操作也使玉米叶片本身区域扩大，因此膨胀操作单独使用的情况也较少。

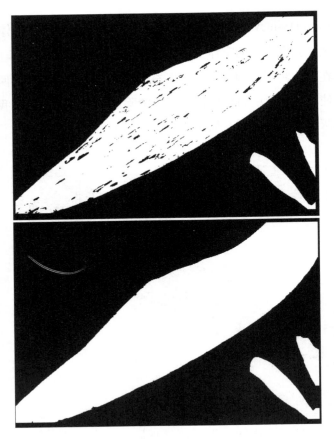

图 2-28　经膨胀处理后的玉米叶片

三、开运算

在上节中我们提到腐蚀和膨胀操作通常都不会单独使用，因为两者都会改变目标图像的大小。开运算（opening）在图像形态学中被定义为先腐蚀后膨胀。开运算的作用在于消除孤立的噪点，平滑物体的轮廓，断开狭窄的连接并消除突出物，且经过开运算操作的图像原有的位置和主体形状保持不变。开运算可以理解为一个基于几何运算的滤波器，B 对集合 A 的开运算，用数学公式可定义为：

$$A \circ B = (A \ominus B) \oplus B \qquad （2-29）$$

其中 $\ominus$ 和 $\oplus$ 分别表示腐蚀和膨胀，即 B 对 A 先腐蚀再膨胀。试验时，我们对字体手动加入一些白色"噪点"和"毛刺"，效果如图 2-29 所示。再利用 OpenCV 中的 cv2.morphologyEx（cv2.MORPH_OPEN）函数实现对图像的开运算。由图可见，经开运算处理后的字体，白色的"噪点"和"毛刺"都被消除。与腐蚀操作不同的是，字体的大小并没有因为侵蚀而变小，经开运算处理后的字体大小和形状保持不变。若观察仔细也能发现处理后的字体边缘依然有细小的"毛刺"未消除，此时可以通过调整卷积核大小来达到最理想的处理效果。

图 2-29　经开运算处理后的字体

在农作物图像的处理中，我们依然以戟菜花图像作为试验对象，将阈值处理后的戟菜花做开运算操作，效果如图 2-30 所示。经开运算处理后的戟菜花图像，噪点被消除，且目标花瓣主体形状和大小保持不变。

图 2-30　经开运算处理后的戟菜花

四、闭运算

闭运算（closing）在图像形态学中被定义为先膨胀后腐蚀。闭运算的作用在于填平黑色区域"小孔"，弥合狭窄的间隙和细长的沟壑，填补轮廓线中的断裂。B 对集合 A 的闭运算，用数学公式可定义为：

$$A \bullet B = (A \oplus B) \ominus B \qquad （2-30）$$

其中 ⊖ 和 ⊕ 分别表示膨胀和腐蚀，即 B 对 A 先膨胀再腐蚀。试验时，我们对字体内部手动加入一些黑色"噪点"和"毛刺"，效果如图 2-31 所示。再利用 OpenCV 中的 cv2.morphologyEx（cv2.MORPH_CLOSE）函数实现对图像的闭运算。由图可见，经闭运算处理后的字体，字体内部黑色的"噪点"和"毛刺"都被消除。与膨胀操作不同的是，字体的大小并没有因为扩张而变大，经闭运算处理后的字体大小和形状保持不变。若观察仔细也能发现处理后的字体边缘依然有细小的"毛刺"未消除，此时可以通过调整卷积核大小来达到最理想的处理效果。

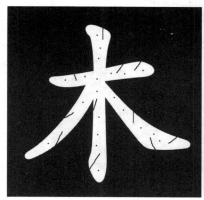

图 2-31　经闭运算处理后的字体

在农作物图像的处理中，我们依然以玉米灰斑病图像作为试验对象，将阈值处理后的玉米叶片做闭运算操作，效果如图 2-32 所示。

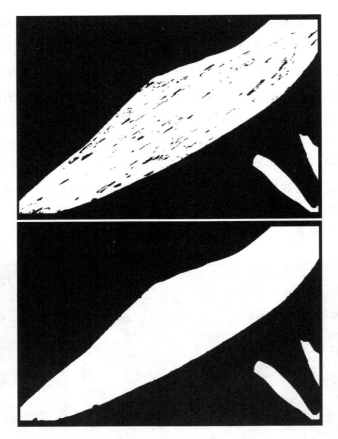

图 2-32　经闭运算处理后的玉米叶片

经闭运算处理后的玉米灰斑病图像，黑色病斑被消除，且目标叶片主体形状和大小保持不变。

五、形态学梯度

形态学梯度（morphological gradient）是原图的膨胀图像与腐蚀图像之差得到的图像。形态学梯度的作用在于突出白色前景部分的外围，提取目标图像的外轮廓。以玉米灰斑病叶片作为试验素材，利用 OpenCV 中的 cv2.morphologyEx（cv2.MORPH_GRADIENT）函数对叶片进行形态学梯度操作，试验结果如图 2-33 所示。

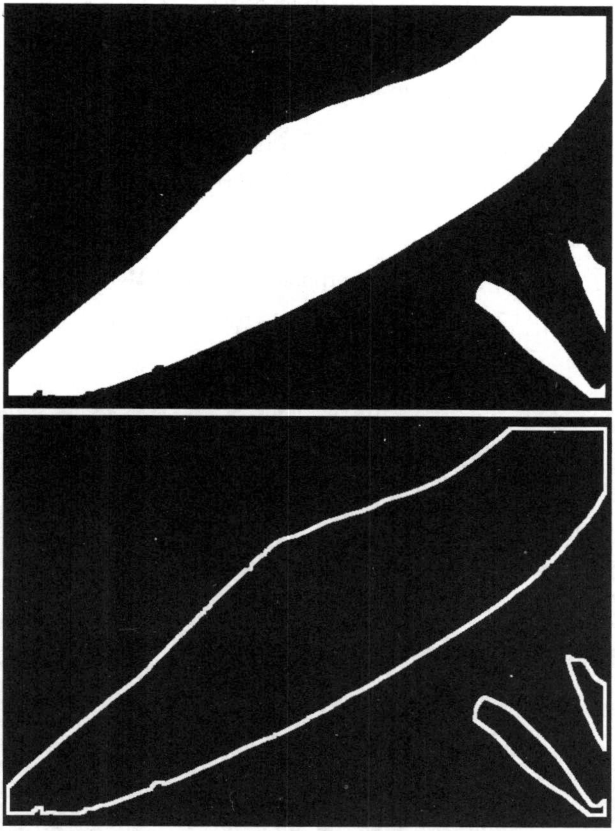

图 2-33 经形态学梯度处理后的玉米叶片

腐蚀是对前景物体的侵蚀，膨胀是对前景物体的扩张，两者之差会对物体边缘保留一道轮廓。由图可见，经形态学梯度处理

后的玉米叶片轮廓被选取，形成类似"描边"的效果。因此，该
方法也可用于查找目标图像的轮廓。

六、顶帽

顶帽（top hat）运算又常被译名为"礼帽"运算。顶帽是
指源图像与"开运算"结果图像之差。开运算会消除孤立的噪
点，平滑物体的轮廓，断开狭窄的连接并消除突出物。因此，
从原图中减去开运算后的图，得到的结果突出了比原图轮廓周
围的区域更明亮的区域。顶帽运算可用来分离主体部分以外的
高亮斑块。

利用 OpenCV 中的 cv2.morphologyEx（cv2.MORPH_TOPHAT）
函数对二值化后的戟菜花图像做顶帽操作，其结果如图 2–34
所示。

图 2–34　经顶帽处理后的戟菜花

由图 2-34 可见，经过顶帽处理后的花瓣本体部分被消除，保留了背景高亮部分的噪点，即利用了开运算消除的部分。经试验可知，顶帽运算可用于提取二值化图像除本体部分外背景中的高亮区域。

七、黑帽

黑帽（black hat）运算是指"闭运算"结果图像与源图像之差。闭运算可填平黑色区域"小孔"，弥合狭窄的间隙和细长的沟壑，填补轮廓线中的断裂。黑帽运算的结果突出了比原图轮廓周围区域更暗的区域，因此，黑帽运算可用来分离比邻近点暗一些的斑块。

以玉米灰斑病叶片图像为试验素材，利用 OpenCV 中的 cv2.morphologyEx（cv2.MORPH_BLACKHAT）函数对二值化后的玉米灰斑病叶片图像做黑帽操作，其结果如图 2-35 所示。

由图 2-35 可见，经过黑帽处理后的玉米叶片本体部分被消除，保留了叶片内高亮的病斑部分，即"顶帽"中利用闭运算消除的部分。经试验可知，黑帽运算可用于提取二值化图像本体内部的高亮区域，该场景下可用于提取叶片病斑区域。

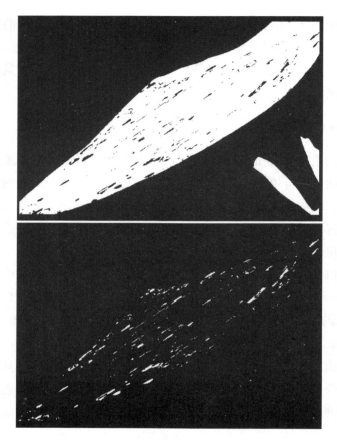

图 2-35　经黑帽处理后的玉米叶片

八、形态学操作之间的关系

形态学操作是计算机视觉领域一个重要的研究方向。形态学是从图像内提取分量，分量信息对于图像形状的表达具有重要意义，它通常包含了图像理解时所需的本质形状信息。形态学处理在 OCR 文字识别、图像检测、图像识别、图像压缩编码等领域都有非常重要的应用。形态学操作主要包含：腐蚀、膨胀、开运算、闭运算、形态学梯度运算、顶帽运算（礼帽运算）、黑帽运算等。其中腐蚀和膨胀为最基础的形态学操作，两者的结合可实现开运算、闭运算及形态学梯度、顶帽、黑帽等运算。形态学操作之间的关系如表 2-1 所示。其中 src 表示源图像，element 为对应的要素，dilate 表示膨胀，erode 表示腐蚀。

表 2-1　形态学操作之间的关系

名称	说明	算法	对应 OpenCV 中的函数
开运算	先腐蚀、后膨胀	dilate（erode（src，element），element）	cv2.MORPH_OPEN
闭运算	先膨胀、后腐蚀	erode（dilate（src，element），element）	cv2.MORPH_CLOSE
形态学梯度	腐蚀与膨胀之差	dilate（src，element）−erode（src，element）	cv2.MORPH_GRADIENT
顶帽	原图与开运算之差	src−open（src，element）	cv2.MORPH_TOPHAT
黑帽	原图与闭运算之差	close（src，element）−src	cv2.MORPH_BLACKHAT

第三章
农作物图像分割

第一节　阈值分割

阈值分割是一种经典的区域图像分割技术，它的原理是将不同灰度值的像素点分为若干类。阈值分割法因其计算量小、易实现、稳定性强，从而成为图像分割领域最基本和最常用的分割技术。它特别适用于目标和背景占据不同灰度级范围的图像。阈值分割不仅可以极大地压缩图像数据量，还能简化图像的分析处理过程，因此阈值分割是视觉分析、特征提取和背景分离中必要的处理过程。图像阈值化的目的是要按照灰度级，对像素集合进行一个划分，得到的每个子集形成一个与现实景物相对应的区域，各个区域内部具有一致的属性，而相邻区域不具有这种一致属性。这样的划分可以通过从灰度级出发选取一个或多个阈值来实现。常用的阈值分割方法有：全局阈值、自适应阈值、OTSU 二值化等。

一、全局阈值

全局阈值是指整幅图像使用同一个阈值做分割处理，当像素值高于阈值时给这个像素赋予一个新值（一般为白色），当像素值低于阈值时赋予另外一种颜色（一般为黑色）。OpenCV中可使用 cv2.threshhold（）函数实现图像的全局阈值。cv2.threshhold（）函数中的 4 个参数分别为：源图像（src）、阈值（thresh）、最大值（maxval）、阈值类型（type）。其中阈值类型一般分为 5 种，每种方法的调用名称和实现效果如表 3-1 所示。

表 3-1　全局阈值的 5 种类型

阈值类型	实现效果
cv2.THRESH_BINARY	大于阈值的部分像素值变为最大值，其他变为 0
cv2.THRESH_BINARY_INV	大于阈值的部分变为 0，其他部分变为最大值
cv2.THRESH_TRUNC	大于阈值的部分变为阈值，其余部分不变
cv2.THRESH_TOZERO	大于阈值的部分不变，其余部分变为 0
cv2.THRESH_TOZERO_INV	大于阈值的部分变为 0，其余部分不变

为更直观地对比 5 种阈值处理的效果，以杞果疮痂病（图3-1）为试验素材，阈值设定值为 127，然后分别进行 5 种阈值类型操作，试验结果如图 3-2 所示。

图 3-1　杧果疮痂病

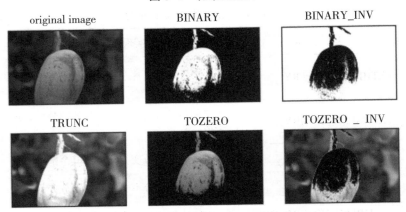

图 3-2　5 种阈值操作的效果

　　由图 3-2 可直观看出 5 种阈值类型处理图像时的差异性。全局阈值的算法原理比较简单，可分离出封闭且连通的边界来定义不交叠的区域，对目标与背景有较强对比的图像可以得到较好的分割效果。以最常用的 cv2.THRESH_BINARY 类型为例，在图 3-2 中，杧果在阈值为 127 的参数设定中，并不能完全分离杧果完整的区域。此时，适当调整阈值大小，分割效果会更理想。

　　阈值设定为 127 时，对杧果疮痂病图像的分割效果并不理想。因此将阈值缩小，增大像素点检索范围。经反复测试，得出将阈值设为 95 时，分割效果较好，得到图像如图 3-3 所示。由图可知，调整阈值后获取到的杧果轮廓更加完整，但底部依然有小部分区域未获取到，若继续缩小阈值，又会引入背景部分的干

图 3-3　不同阈值的分割效果

扰。总的来说，全局阈值切割是一种常用的图像分割方法，但仅适用于目标区域与背景部分有较强对比度的图像。在农业领域中，对复杂场景分割时，其表现结果并不理想，更多的时候是将全局阈值作为一种预处理的方法来使用。

二、自适应阈值

在上一小节我们介绍了全局阈值的概念和用法，即整幅图像采用同一个参数作为阈值，但这种方法并不适用于所有情况，尤其是当同一幅图像上的不同部分具有不同亮度时。此时我们需要引入自适应阈值（adaptive threshold）的概念。自适应阈值是指根据图像不同区域亮度分布，计算其局部阈值。该方法对于图像不同区域，能够自适应计算不同的阈值，从而使我们能在亮度不同的情况下得到更好的阈值分割结果。

OpenCV 中可使用 cv2.adaptiveThreshold 函数实现图像的自适应阈值。cv2.adaptiveThreshold 函数中的 5 个参数分别为：源图像（src）、最大值（maxval）、计算阈值的方法（adaptive method）、阈值类型（type）、邻域大小（block size）。其中计算阈值的方法分为 2 种，方法的调用名称和实现效果如表 3-2 所示。

表 3-2　自适应阈值的两种类型

阈值类型	实现效果
cv2.ADAPTIVE_THRESH_MEAN_C	阈值取自相邻区域的平均值
cv2.ADAPTIVE_THRESH_GAUSSIAN_C	阈值取自相邻区域的加权和，权重为一个高斯窗口

为更直观地对比两种类型自适应阈值的处理效果，以及与全局阈值的差别，我们同样以杧果疮痂病（图 3-1）为试验素材，全局阈值设定值为 127，然后分别进行全局阈值和自适应阈值的操作，试验结果如图 3-4 所示。

original image

global thresholding（$v=127$）

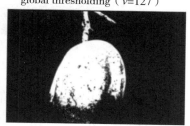

adaptive mean thresholding

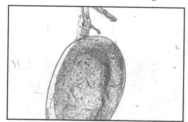

adaptive gaussian thresholding

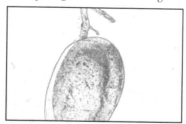

图 3-4　自适应阈值的分割效果

由图可见，相对于全局阈值的局限性，自适应阈值的两种方法能更好地提取到杧果的轮廓，包括杧果果实上的疮痂病特征也能完整提取。可以看出自适应阈值在图像分割和轮廓提取方面，相对于全局阈值有更好的适应性。这一点在图像有阴影或物体因有遮挡产生的亮度差时表现得更为明显。以一张皇帝柑图像（图 3-5）为例，对图像进行全局阈值和自适应阈值操作。

图 3-5　皇帝柑图片

　　由图 3-6 可见，全局阈值对原图的分割效果很差，几乎无法分辨出果实完整的轮廓；而自适应阈值能较好地分割出果实的轮廓。

original image

global thresholding（$v=127$）

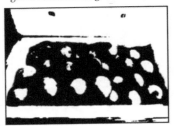

adaptive mean thresholding

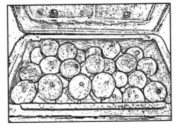

adaptive gaussian thresholding

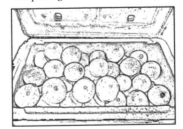

图 3-6　全局阈值与自适应阈值的分割效果对比

三、OTSU 二值化算法

OTSU 二值化算法也叫作最大类间差法，或是大津法。它是由日本学者大津于 1979 年提出的。OTSU 二值化算法因其计算简单，且不受图像亮度和对比度的影响，被认为是图像分割中阈值选取的最佳算法，在计算机视觉领域得到广泛利用。

在前面我们使用全局阈值时，需要给定一个参数做阈值，在我们无法确定阈值为多少是最优的情况下，只有通过不断地尝试修改参数来获得一个较为理想的阈值。OTSU 二值化算法的出现，很好地解决了这一问题。OTSU 二值化算法会根据图像的灰度特征将图像分为前景和背景两部分。方差作为灰度分布均匀性的一种度量，前景和背景之间的类间方差越大，说明图像中这两部分的差别越大。当图像中出现前景错分为背景，或背景错分为前景的情况时，都会导致两部分差别变小。因此，使类间方差最大化意味着错分概率最小。在阈值 T 下的最大类间方差计算公式可表示为：

$$\sigma_w^2 = w_b \sigma_b^2 + w_f \sigma_f^2 \qquad （3-1）$$

其中 w_b 表示阈值 T 下背景所占整幅图像的比重；σ_b^2 表示背景方差；w_f 表示阈值 T 下前景所占整幅图像的比重；σ_f^2 表示前景方差。

算法实现可依然用 OpenCV 中的 cv2.threshold（）函数，参数选择 cv2.THRESH_OTSU，且阈值设为 0。此时算法会自动分析图像色彩分布，并找到最优阈值，这个最优阈值就是返回值

retVal。如果不使用 OTSU 二值化算法，返回的 retVal 值与设定
的阈值相等。同样以杜果疮痂病（图 3-1）为试验素材，全局阈
值设定值为 127，然后分别进行全局阈值和 OTSU 二值化算法操
作，试验结果如图 3-7 所示。

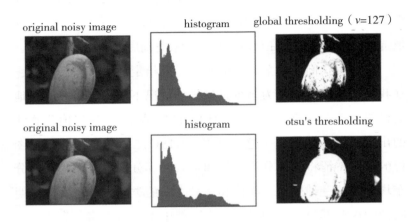

图 3-7　OTSU 与全局阈值效果对比

　　Histogram 是原图色彩分布直方图，OTSU 二值化算法可以根
据直方图分布自动寻找最优阈值。由图可见，经 OTSU 二值化算
法处理的杜果疮痂病图像，分割效果明显优于阈值设定为 127 的
全局阈值效果。我们通过反复测试，得出阈值为 95 的全局阈值
分割效果较好，我们将该结果与 OTSU 二值化算法处理的结果相
对比，如图 3-8 所示。

　　全局阈值为 95 的分割效果与 OTSU 二值化算法分割效果相
差无几，但全局阈值需经过反复测算与试验才能获得最优值。相
比之下，OTSU 二值化算法通过分析色彩直方图快速获取最优阈
值，让试验人员能在更短时间内获得最优阈值。

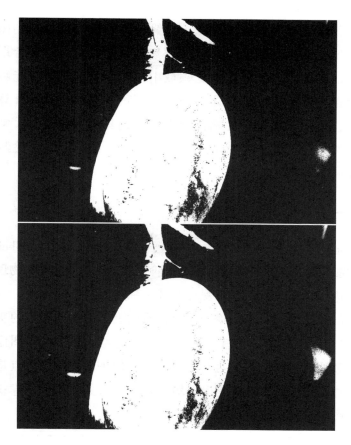

图 3-8　全局阈值为 95 与 OTSU 对比

第二节　边缘检测

边缘检测（edge detection）是计算机视觉中极为重要的一种分析图像的方法。边缘检测的原理是检测出图像中灰度值变化较大的点，并将这些点相连，形成若干线条，这些线条就被统称为图像的边缘。边缘检测的目的就是找到图像中亮度变化剧烈的像素点构成的集合，使像素点的集合形成物体的轮廓。在计算机视觉领域中，如果图像的边缘能够被准确地提取，意味着物体的尺寸、面积和形状能够被计算机获得，这对于图像中的物体分类和识别具有重要意义。常见的边缘检测算法包括 sobel 边缘检测，拉普拉斯边缘检测和 canny 边缘检测。

一、sobel 边缘检测

sobel 边缘检测又叫作 sobel 算子（sobel operator），sobel 边缘检测主要用于获得数字图像的一阶梯度，常见的应用和物理意义是边缘检测，是计算机视觉领域一种重要的处理方法。sobel 算子的算法原理是把图像中每个像素的上下左右四领域的灰度值加权差，在边缘处达到极值从而检测边缘。该方法对图像边缘有较好的检测效果，且对噪点有一定的平滑作用，缺点是得到的边缘比较粗，且可能出现伪边缘。sobel 边缘检测的卷积因子如图 3-9 所示。

-1	0	1
-2	0	2
-1	0	1

1	2	1
0	0	0
-1	-2	-1

图 3-9　x 方向和 y 方向的卷积因子

该算子包含水平方向和垂直方向两组 3×3 矩阵。将矩阵与图像做平面卷积，即可得出横向和纵向的亮度差分近似值。若以 A 表示原始图像。G_x 和 G_y 分别表示横向和纵向边缘检测的图像灰度值，则有：

$$G_x = \begin{bmatrix} -1 & 0 & +1 \\ -2 & 0 & +2 \\ -1 & 0 & +1 \end{bmatrix} \times A \qquad (3-2)$$

$$G_y = \begin{bmatrix} +1 & +2 & +1 \\ 0 & 0 & 0 \\ -1 & -2 & -1 \end{bmatrix} \times A \qquad (3-3)$$

图像的每一个像素可用横向和纵向灰度值来计算，该点的灰度大小 G 可表示为：

$$G = \sqrt{G_x^2 + G_y^2} \qquad (3-4)$$

为提供运算效率，也可使用不开平方的近似值表示为：

$$|G| \approx |G_x| + |G_y| \qquad (3-5)$$

OpenCV 中可使用 cv2.sobel 函数实现图像的 sobel 边缘检测。cv2.sobel 函数中的 5 个参数分别为：源图像（src）、深度类型（ddepth）、x 方向导数（dx）、y 方向导数（dy）、卷积核大小（ksize）。为测试 sobel 边缘检测在各种场景的效果，我们以玉米叶片灰斑病图像、甘薯叶片图像、香菇图像、玉米穗腐病图像为试验素材，分别进行 sobel 边缘检测操作，效果如图 3-10 至图

3-13 所示。

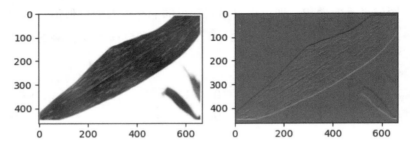

图 3-10　sobel 边缘检测玉米叶片灰斑病

图 3-11　sobel 边缘检测甘薯叶片

图 3-12　sobel 边缘检测香菇

图 3-13 sobel 边缘检测玉米穗腐病

由以上 4 图可见，sobel 边缘检测对于噪点较多和灰度变化明显的图像处理效果较好，如图 3-10 和图 3-11；而对于农田复杂场景下的实景拍摄图像效果不理想，边缘检测不准确，从图 3-12和图 3-13 来看几乎无法观察到图像边缘。因此，sobel 边缘检测可适用于一些对精度要求不高，且灰度变化明显的图像场景。

二、拉普拉斯边缘检测

拉普拉斯边缘检测，也叫作拉普拉斯算子（laplace operator）是 n 维欧几里得空间中的一个二阶微分算子，定义为梯度（∇f）的散度（$\nabla \cdot f$），在计算机视觉领域是一种常用的边缘检测方法。拉普拉斯算子是最简单的各向同性微分算子，它具有旋转不变性。一个二维图像函数的拉普拉斯变换是各向同性的二阶导数，计算公式可定义为：

$$\Delta src = \frac{\partial^2 src}{\partial x^2} + \frac{\partial^2 src}{\partial y^2}$$ （3-6）

拉普拉斯滤波器的卷积核为：

$$kernel = \begin{bmatrix} 0 & 1 & 0 \\ 1 & -4 & 1 \\ 0 & 1 & 0 \end{bmatrix}$$ （3-7）

我们可以通过 OpenCV 中的 cv2.Laplacian 函数实现图像的拉普拉斯边缘检测。cv2.Laplacian 函数中的 3 个参数分别为：源图像、深度类型、卷积核大小。为测试拉普拉斯算子在各种场景的效果，我们以玉米叶片灰斑病图像、甘薯叶片图像、香菇图像、玉米穗腐病图像为试验素材，分别进行拉普拉斯边缘检测操作，效果如图 3-14 所示。

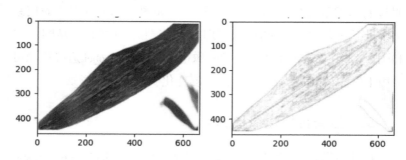

图 3-14　拉普拉斯边缘检测玉米叶片灰斑病

拉普拉斯边缘检测法对噪点比较敏感，会产生双边效果，如图 3-15 中对充满高斯噪点的甘薯叶片图像，几乎无法检测出任何边缘信息。对其他两种农作物图像的检查效果也不够理想，如图 3-16、图 3-17 所示。

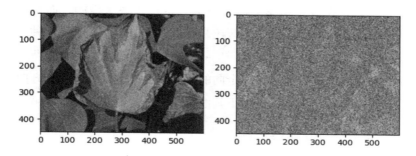

图 3-15　拉普拉斯边缘检测甘薯叶片

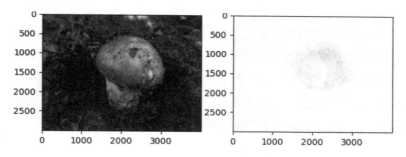

图 3-16　拉普拉斯边缘检测香菇

图 3-17　拉普拉斯边缘检测玉米穗腐病

因此，拉普拉斯算子通常不会直接用于边缘检测，而是用来判断边缘像素为图像的明区还是暗区。拉普拉斯算子是一种二阶导数算子，它可在边缘处产生一个陡峭的零交叉且拉普拉斯算子具有各向同性，能对任何走向的界线和线条进行锐化，无方向性。这是拉普拉斯算子区别于其他算法的最大优点。

三、canny 边缘检测

canny 边缘检测算法是一个多级边缘检测算法，它是由 John F. canny 于 1986 年提出的。canny 边缘检测算法是全世界应用最广泛的边缘检测算法之一，它可以有效地减少图像噪点干扰，获得较好的图像边缘信息。通常情况下边缘检测的目的是在保留原有图像属性的情况下，显著减少图像的数据规模。虽然 canny 边缘检测算法的提出距今已有 20 多年，但作为边缘检测的一种标准算法，它仍在各个研究领域被广泛使用。

canny 边缘检测算法的实现步骤：

（1）图像平滑

由于边缘检测很容易受到图像噪点影响，所以第一步是使用 5×5 卷积核的高斯滤波器平滑图像，实现噪点滤除。

（2）计算图像梯度

canny 算法的核心思想是找到一幅图像中灰度强度变化最强的位置，即梯度方向。对高斯滤波后的图像使用 sobel 算子计算水平方向（G_x）和竖直方向（G_y）的图像梯度，即计算一阶导数。再根据计算所得的两幅梯度图（G_x 与 G_y）找到边界的梯度和方向，其计算公式如下：

$$Edge\_Gradient(G) = \sqrt{G_x^2 + G_y^2} \qquad （3-8）$$

$$Angle(\theta) = \tan^{-1}\left(\frac{G_x}{G_y}\right) \qquad (3\text{-}9)$$

（3）非极大值抑制

该步骤的目的是将模糊的边界变得清晰。简单来说，就是保留了每个像素点上梯度强度的极大值，而去除掉其他的值。对于每个像素点来说，其梯度方向可能是上、下、左、右和4个与正方向偏离45°的方向，共计8个。比较该像素点和其梯度方向的梯度强度，若该像素点梯度强度最大则保留，否则抑制。其原理如图3-18所示。

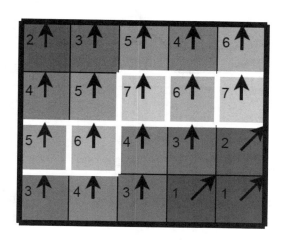

图3-18　非极大值抑制算法原理

图3-18中的数字代表了像素点的梯度强度，箭头方向代表了梯度方向。以第二排第三个像素点为例，由于梯度方向向上，则将这一点的强度7与其上下两个像素点的强度5和4比较，由于这一点强度最大，则保留。

（4）滞后阈值

经过非极大抑制后图像中依然存在很多噪点。canny 边缘检测算法的第四步应用了一种双阈值的技术。即设定一个阈值上限（maxVal）和阈值下限（minVal）（OpenCV 中可自行设定），图像中的像素点如果大于阈值上限则识别为强边界（strong edge），小于阈值下限则识别为非边界，两者之间的则识别为弱边界（weak edge），弱边界是否保留需要判断该点是否与某个被确定的强边界的点相连，相连则保留，不相连则抛弃，如图 3-19 所示。

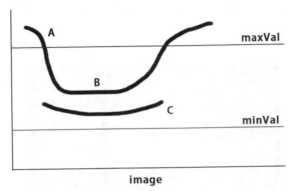

图 3-19　滞后阈值原理图

A 高于阈值上限 maxVal，所以是真正的边界点，B 虽然低于 maxVal 但高于 minVal 并且与 A 相连，所以也被认为是真正的边界点。而 C 就会被抛弃，因为它不仅低于 maxVal 而且不与真正的边界点相连。所以选择合适的阈值上限（maxVal）和阈值下限（minVal）才能使 canny 边缘检测操作获得更理想的处理结果。

通过 OpenCV 实现 canny 边缘检测只需调用 cv2.Canny（）函数。cv2.Canny 函数中主要的 3 个参数分别为：源图像（src）、阈值下限（threshold1）、阈值上限（threshold2）。为测试 canny

边缘检测在各种场景的效果，我们同样以玉米叶片灰斑病图像、甘薯叶片图像、香菇图像、玉米穗腐病图像为试验素材，分别进行 canny 边缘检测操作，效果如图 3-20 至图 3-23 所示。

图 3-20 canny 边缘检测玉米叶片灰斑病

图 3-21 canny 边缘检测甘薯叶片

图 3-22 canny 边缘检测香菇

图 3-23　canny 边缘检测玉米穗腐病

由以上 4 图可见，在 4 类场景下 canny 边缘检测方法所获得的轮廓都明显优于 sobel 和拉普拉斯算法。canny 边缘检测方法的优势在于使用两种不同的阈值分别检测强边界和弱边界，且当弱边界和强边界相连时，才将弱边缘包含在输出图像中。该方法不易受噪点干扰，能够检测到真正的弱边缘。

第三节　图论分割

图论分割（grabcut）是图割（graph cut）的改进版，它是由微软剑桥研究院的 Carsten Rother 等人于 2004 年提出的前景提取算法。该算法利用图像中的纹理信息和边界信息，只要对图像进行少量的人机交互操作即可得到比较好的分割结果。与图割指定两个顶点不同，grabcut 只需指定一个能将目标框住的作用域就可以完成良好的分割。其算法原理如图 3-24 所示。

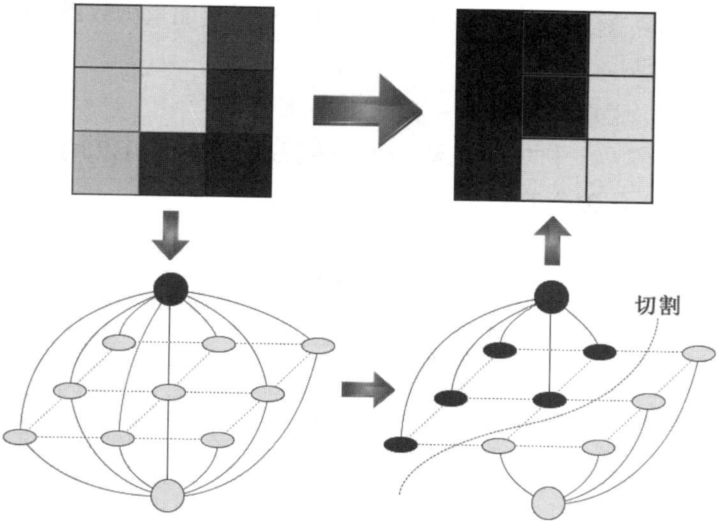

图 3-24 grabcut 算法原理

grabcut 算法的实现步骤：

（1）矩形输入

用户通过选择矩形框选择目标图像区域。矩形外部像素标记为背景，内部像素标记为未知。

（2）初始分类

计算机对图像创建初始分割，未知像素归为前景 G_f，背景像素归为背景 G_b。

（3）GMM 描述

使用高斯混合模型（GMM）对前景和背景分别建模，得到前景 G_f 和背景 G_b。

（4）GMM 训练分类

用训练好的两个 GMM 来计算每一个像素属于背景和属于前

景的概率。前景类中的每个像素被分配给前景 GMM 中最可能的高斯分量，背景类进行相同操作。通过最优化能量函数得到图像的一个分割。

（5）GMM 模型更新

用步骤（4）中的分割结果中的前景和背景去训练前景 G_f 和背景 G_b。

（6）收敛分类

重复步骤（3）、（4）、（5），直到分割结果收敛。

grabcut 算法的流程如图 3-25 所示。

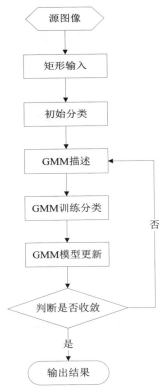

图 3-25 grabcut 算法流程图

　　通过 OpenCV 实现 grabcut 算法只需调用 cv2. grabcut（　）函数。cv2. grabcut（　）函数中主要参数分别为：源图像（src）、掩膜图像（mask）、矩形区域（rect）、算法内数组（bdgmodel，fgdmodel）、算法迭代次数（itercount）、修改方式（mode）。为测试 grabcut 分割法在各种场景的效果，我们同样以玉米穗腐病图像、凯特杧果图像、香菇图像、水稻稻瘟病图像为试验素材，分别进行 grabcut 分割操作（如图 3-26 至图 3-29 所示）。

图 3-26　grabcut 算法分割玉米

图 3-27　grabcut 算法分割杧果

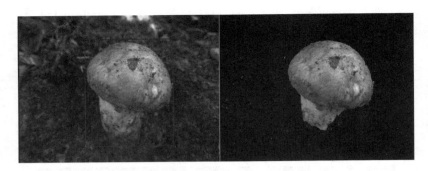

图 3-28　grabcut 算法分割香菇

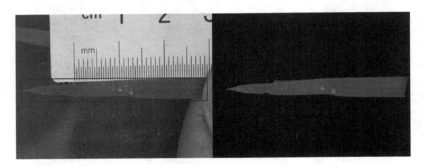

图 3-29　grabcut 算法分割水稻稻瘟病叶片

在上述 4 图中，左边为原始图像，右边为经过 grabcut 算法分割后的图像，蓝色选框为 grabcut 中矩形参数区域，通过矩形作用域可更好地分离目标区域和背景。由图可见，四类作物的拍摄方式、角度、光照条件都不同，但经过处理后的图像都完整地提取出目标图像的轮廓，仅杞果和水稻叶片的边缘存在少许误差。可见 grabcut 算法对前景图像的分离效果比较理想。

第四节 分水岭算法

分水岭算法（watershed algorithm）是根据分水岭的构成原理来实现图像的分割。它是一种基于拓扑理论的数学形态学分割方法。分水岭算法的原理是把图像视作是地形学上的拓扑地貌，图像中每个像素点的灰度值表示地形中的海拔高度，即灰度值高表示山峰和丘陵，灰度值低表示山谷。分水岭的概念和形成可以通过模拟浸入过程来说明。模拟向每个山谷中灌注不同颜色的水，随着水位升高，不同山谷的水就会相遇，我们通过构建堤坝来防止不同山谷的水汇合。在所有的山峰都被水淹没之前，需要继续注水，继续建造堤坝。最后构建的堤坝会得到分割的结果，这就是分水岭算法的实现原理。

但这种方法会由于图像噪点和其他因素的影响造成过度分割的结果。因此，在实际应用中经常使用的是 OpenCV 中基于掩膜的分水岭算法。该方法是一种交互式图像分割方法，用户可在操作过程中指定要合并或不合并的谷点，将已知的对象打上标签。例如：已知某个区域肯定是前景或对象，则用某种颜色标记它，而剩下无法确定的区域则用 0 标记。通过这种方式实施分水岭算法，每次注入水，我们的标签就会更新，当标记为不同颜色的标签相遇时就构建堤坝，直到所有山峰被淹没，最后我们得到所有的堤坝（边界）区域，边界对象的值为 –1。

我们以大枣图片作为试验对象（图 3–30），进行分水岭算法操作。大枣随机地散落在图像中，即使对其使用阈值分割，大枣依然会相互接触。

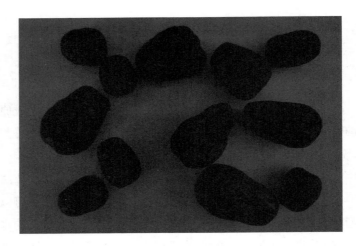

图 3-30　大枣图像

　　首先使用 OTSU 二值化算法找到大枣的近似估计值，并对大枣图像进行 OTSU 二值化操作，结果如图 3-31 所示。

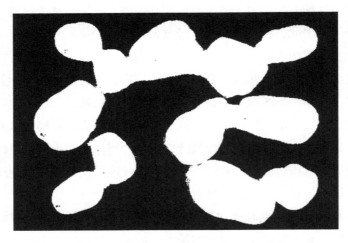

图 3-31　经 OTSU 二值化处理后的大枣

得到上述图像后我们可以用开运算去除白噪点，闭运算去除图像中的黑噪点。图像中靠近中心位置的是前景，而远离物体的区域是背景，大枣边界是不确定区域。此时，当大枣之间没有接触时，可以直接使用前文中提到的腐蚀操作去除边缘像素，但当大枣之间有接触时，则需要考虑更好的解决方法。在分水岭算法的思路中可选择适合的阈值进行距离变换。

接着，我们需要找到我们确认不是大枣的区域。要实现这个目标，我们需要对结果进行膨胀，膨胀会把目标边缘扩展到背景，这样，我们可以确保结果的背景区域确实是背景，由于边缘被去掉了，如图 3-32 所示，剩下的就是我们不确定的区域，可能是大枣也可能是背景。

图 3-32 经膨胀处理后的大枣

该区域一般是在大枣边界周围，前景和背景交接（或者两个大枣交接）处，我们称其为边界，可以通过 sure_

bg（确定的背景）减去 sure_fg（确定的前景）得到，如图 3-33 所示。

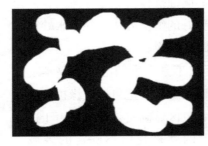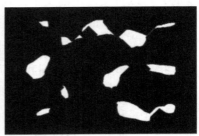

图 3-33　背景与前景

　　现在我们来确认哪些区域是大枣，哪些区域属于背景。我们创建一组标记用于标记不同的区域，我们确认的区域用连续的正整数标记出来，不确认的区域则标记为 0。该操作我们可以通过 OpenCV 中的 cv2.connected Components（）函数来实现，通过该函数将图像背景标成 0，其他目标从 1 开始，用整数标记。若背景标记为 0，那分水岭算法就会把它当成未知区域了。我们可使用不同的整数标记它们。而对不确定的区域（函数 cv2.connected Components 输出的结果中使用 unknown 定义未知区域）标记为 0。

　　最后我们应用分水岭算法，标签图像将会被修改，边界区域的标记将变为 -1。将标记为大枣的区域利用不同的颜色显示出来，如图 3-34 所示。

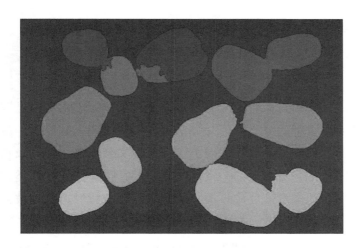

图 3-34 不同颜色标记大枣

分水岭算法分离大枣的结果如图 3-35 所示。通过绿色轮廓分离每颗大枣区域,部分大枣的边界分割较好,也存在部分没有完全分割或分割不准确的情况。

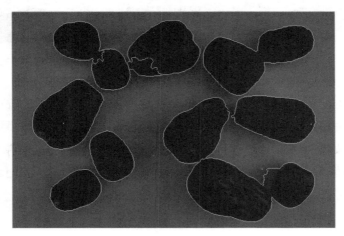

图 3-35 分水岭算法分离大枣

第五节 语义分割

语义分割是指对图像中的每个像素都划分出对应的类别，实现像素级别的分类。语义分割是在像素级别上的分类，属于同一类的像素都要被归为一类，因此语义分割是从像素级别来理解图像的。如图 3-36 所示，属于人的像素被分成一类，属于摩托车的像素被分成一类，除此之外还有背景像素也被分为一类。

图 3-36 语义分割

实例分割不同于语义分割，实例分割是指对目标进行像素级别的分类，而且在具体类别的基础上区别不同的实例。举例来说，如果一张照片中有多个人，对于语义分割来说，只要将所有人的像素都归为一类，而实例分割则还要将不同人的像素归为不同的类，如图 3-37 所示。

a. 原图　　　　　b. 语义分割　　　　　c. 实例分割

图 3-37　语义分割与实例分割区别

在图 3-37 中原图背景中的两辆汽车，在语义分割中被定义为同一类型，而在实例分割中两辆汽车被定义为不同的类。

一、传统方法

在深度学习方法流行之前，从前文中提到的"阈值方法"（thresholding methods），到图论分割方法（graph partitioning segmentation methods），都很流行。在深度学习方法被广泛应用之前，图像的语义分割方法种类繁多，这些方法都或多或少存在一些缺点，在深度卷积神经网络学流行之后，深度学习方法相比较传统方法有了较大提升，前文已对部分典型的传统方法做了详细介绍，本章将重点介绍深度学习方法中的图像语义分割。

二、深度学习方法

深度学习时代到来之前，图像的语义分割工作多数是依赖像素自身的低阶视觉信息（low-level visual cues）来处理的。这样的方法通常没有模型训练阶段，算法计算维度低，在进行复杂分割任务上（不加入人机交互干涉结果），其分割效果往往无法令用户满意。近年来，深度学习技术逐渐在计算机视觉领域崭露头角，语义分割也因此进入全面发展时代。其中以全卷积神经网络（fully convolutional networks，FCN）为代表的一系列基于深度学习的语义分割方法相继提出，不断刷新语义分割的精度。

全卷积神经网络 FCN 首次发表于计算机视觉领域顶级会议 CVPR 2015，FCN 可称之为深度学习在图像语义分割任务中最具开创性的算法模型，一经发布便荣获最佳论文荣誉称号（best paper honorable mention）。FCN 的实现原理较为直观，即直接进行像素级别端对端（end-to-end）的语义分割。FCN 将网络全连接层用卷积取代，因此使任意图像大小的输入都变成可能，尽管移除了全连接层，但是依然存在下采样操作的问题。为了解决该问题，FCN 利用双线性插值将在响应张量的长宽上采样到的原图大小及网络中浅层的响应也考虑进来，通过这种方式更好地预测图像中的细节部分。具体来说，就是将 Pool4 和 Pool3 的响应也拿来，分别作为模型 FCN-16s 和 FCN-8s 的输出，与原来 FCN-32s 的输出结合在一起做最终的语义分割预测，如图 3-38 所示。

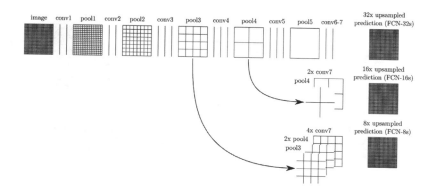

图 3-38　FCN 结构

图 3-38 中网络学习将粗糙的、高层信息与细致的、低层信息结合起来。池化层和预测层显示为显示相对空间粗细的网格，而中间层显示为垂直线。第一行（FCN-32s）：上采样步长为 32，一步将预测大小恢复为原图像大小，这样做导致信息损失过多，结果不够精细，为了解决此问题，FCN 方法引入了跳级连接的策略；第二行（FCN-16s）：首先在最后一层上采样，然后与池 4 层的预测结合起来，最后再上采样恢复为原图大小，使网络能够更好地预测细节，同时保留高级别的语义信息；第三行（FCN-8s）：同样的，先上采样再结合高层信息，最后上采样恢复为原图大小，可获得更高的精度。

FCN 的主要贡献在于：使端对端的卷积语义分割网络变得流行起来；通过反卷积（deconvolutional layers）进行上采样，并通过跳跃结构（skip architecture）改善了上采样的粗糙度，以实现精准分割任务，实现过程如图 3-39 所示。

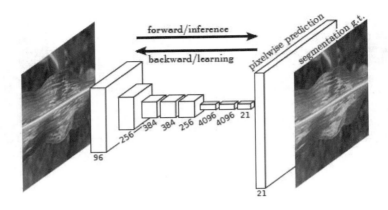

图 3-39 FCN 语义分割实现过程

FCN 是基于深度学习的语义分割的开山之作，尽管现在很多方法都超越了 FCN，但它的思想仍然有很重要的意义。

第四章

基于计算机视觉的稻瘟病分级技术研究

稻瘟病是水稻最常见的病害之一，稻瘟病可能引起水稻大幅度减产，该病在世界范围各水稻种植区均有发生。水稻是中国第一大粮食作物，研究如何防治稻瘟病具有重要意义。稻瘟病因发病部位不同分为苗瘟、叶瘟、节瘟、穗颈瘟、谷粒瘟，其中叶瘟发病期主要呈现为叶片出现大小不同的病斑。科研人员根据稻瘟病病斑面积占叶片面积的比例将稻瘟病病害程度分为5个等级。在研究过程中，由于病斑大小不一、形状不规则，无法通过标尺或仪器精确测量病斑面积，因此稻瘟病病程分级主要依靠有经验的研究人员目测判定。该方法主观性强、精确度低，且严重依赖于科研人员的经验水平，无法满足对病斑区域的精确测量和分级判定。

目前基于机器视觉的图形识别、图形测量等技术在农业领域广泛应用，为实现稻瘟病病程精确分级判定提供了新的可能。莫洪武等利用计算机视觉技术有效识别出水稻空行，提高了杂交种产量和纯度。钟平川等以机器视觉技术原理结合 OpenCV 编程，成功提取原木最大轮廓，计算出原木切面最大面积，提高原木出材率。汪成龙等采用机器视觉与 SVM 支持向量机算法模型成功判定马铃薯是否畸形。张楠等基于 softmax 分类器实现对水稻稻瘟病的自动识别。从上述文献可知，利用机器视觉技术可快速、有效地实现对农作物的检验、测量、识别等操作。本研究设计了一套基于 grabcut、高斯滤波、OTSU 二值化、颜色空间转换、反向阈值切割等处理的水稻稻瘟病分级判定算法模型。该算法模型利用 OpenCV 与 Python 语言实现，以反向阈值切割为核心策略分离叶片与病斑，再以循环遍历模式统计像素点得出病斑面积占比，实现对稻瘟病的快速、精确分级。

第一节 试验材料与采集系统

一、试验材料

试验所使用的水稻稻瘟病图片均采集自四川省成都市蒲江县水稻基地，图像采集设备为华为 P20、小米 mix2s 手机，拍摄环境为自然光照条件下的开放式大田。试验模型需通过算法提取叶片与病斑的特征区域，因此拍摄时将完整的水稻叶片置于镜头中央，并引入标尺为参考系，便于验证算法准确性。本试验采集稻瘟病人工判定分别为 1~5 级的图片，共计 189 张。

二、图像采集系统

为实现研究人员能够在大田环境中方便快速地获得稻瘟病分级结果，本试验算法采用手机端 APP 作为图像采集前端。系统架构由服务层、控制层、计算存储层三部分构成。其中服务层负责将手机采集图像数据源通过传输 API 传入 MiniServer 统一传到控制层。控制层包含：Datasource、Workflow、Operator、Model操作 4 个部分，负责后端各个功能模块的调度。计算存储层包含 HDFS 数据存储模块、图像算法处理模块、数据库模块，该层负责实现试验算法，并将原始图片和结果存储进数据库。系统整体架构如图 4-1 所示。

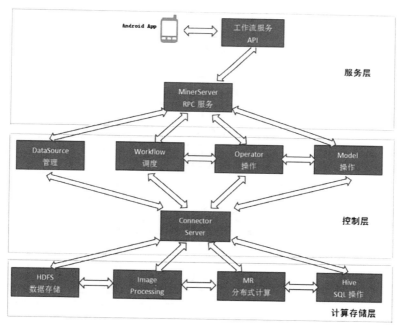

图 4-1　系统架构图

第二节　试验算法

本试验研究目标是通过机器视觉技术获取稻瘟病图片中病斑占叶片总面积的比例，将结果对应稻瘟病分级标准，最后获得分级结果。首先从试验图片中提取感兴趣的目标区域，将水稻目标叶片从背景中分离出来；然后对目标区域图片预处理，降低目标图片噪点干扰，将降噪后的图片转换为 HSV 通道，对目标图片在 HSV 颜色通道下的色彩分布进行分析，确定阈值范围，最后反向阈值切割图片，获取病斑区域计算面积占比。具体稻瘟病分级判定算法流程如图 4-2 所示：

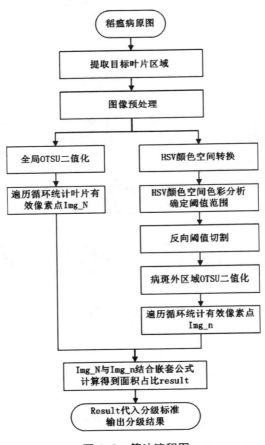

图 4-2　算法流程图

一、目标图像与背景分割

常用的图像目标区域分割方法包括颜色阈值分割、分水岭算法、grabcut 算法、轮廓检测等。由于水稻叶片较小，为保证采集图像的质量，需在手机微距模式下拍摄，微距模式下水稻叶片作为目标图像会有较高的清晰度，而叶片外，远景会呈现相对模糊的状态。因此，本试验采用 grabcut 算法对稻瘟病叶片进行提取，grabcut 算法对于分离前景清晰背景模糊的图像具有良好的效果，算法原理如图 4-3 所示。

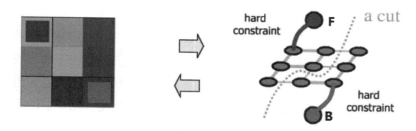

图 4-3　grabcut 算法原理

将图像中的每一个像素看成图中的一个节点，然后在 Graph 中增加两个 node，分别为 F 和 B，F 代表 foreground 前景，而 B 代表 background 背景，每两个相邻像素点用一条边相连，每一个像素点和 F 点用一条边相连，每一个像素点和 B 点也用一条边相连。最后将图像切割分成两部分，第一部分的像素点和 F 相连为前景，第二部分的像素点和 B 相连为背景。整幅图像的 Gibbs 能量函数可以表示为公式（4-1）：

$$E(\alpha,k,\theta,z)=U(\alpha,k,\theta,z)+V(\alpha,z) \qquad (4-1)$$

其中，U 函数部分表示能量函数的区域数据项，V 函数表示能量函数的光滑项（边界项），参数 α 代表分离后的前景或背景，α_n=0 或 1（背景或前景）；参数 k 是一个向量，$k=\{k_1, k_2...k_n\}$，每个 k_n 属于 $\{1, 2...k\}$ 集合，对应着 k 个高斯分量；θ 代表每个高斯分量中参数；参数 z 是一个向量，$z=\{z_1...z_n\}$，每个 z_n 代表着每个像素的灰度值。图像分割的过程就是使式（4-1）不断减小的过程，当它不能再减小，即趋于某一个恒定的值时，就表示图像分割完成。

二、图像预处理

在高清设备采集的水稻叶片图像上，即使健康的叶片也并非是完全光滑的绿色，叶片表面会存在一些细微的纹理，这些纹理后期会对图像处理产生一定干扰。图像预处理的目的在于增强我们需要的信息，排除干扰的部分。常用的图像预处理包括高斯滤波、双边滤波、中值滤波等。水稻叶片边缘一般呈自然弯曲的形态，无须保留直线边缘，因此选择通用性较好的 5×5 卷积核的高斯滤波器。

三、病斑特征提取

普通相机或手机拍摄的图像通常为 RGB 通道，但 RGB 通道并不能很好地反映出物体具体的颜色信息。相对于 RGB 空间，HSV 空间能够非常直观地表达色彩的明暗、色调以及饱和度，方便进行颜色区间的获取。因此本试验对稻瘟病病斑的提取方式采用 HSV 颜色空间下的阈值切割实现，阈值切割通常是对 HSV 颜色空间下一定取值范围内的颜色进行捕捉，但经观察可发现稻瘟病的病斑往往不是单一的黄色。较大的病斑通常边缘呈现黑色，病斑内部呈现枯黄色，较小的病斑呈现淡黄色没有黑色边缘。若直接对黄色范围内的颜色分割会产生较大的误差，因此本试验提出反向阈值切割法，将叶片健康的绿色部位作为阈值搜索范围，切割去掉病斑部分的叶片图像标记为 img_n，将完整全叶图像标记为 img_N，两者相减所得差即为病斑部分。具体实现步骤如下：

1. 颜色空间转换

颜色阈值切割需在 HSV 颜色空间下进行。通过手机拍摄的图片通常为 RGB 通道，可利用 OpenCV 中的 cv2.cvtColor 函数实现图像由 RGB 转为 HSV 通道。

2. 反向阈值切割

阈值切割需明确给定阈值范围，定义切割范围最小值为 lower_green，最大值为 upper_green，将阈值切割所得部分图像生成掩膜，原图与掩膜部分作图像与运算即可获得去除病斑部分的叶片。

3. OTSU 二值化

OTSU 算法又名最大类间方差法，其原理为利用阈值将原图像分成前景、背景两个图像。用 ω_0、ω_1 分别表示前景点、背景点所占比例，μ_0、μ_1 分别表示前景、背景灰度均值，则有：

$$\mu = \omega_0 \times \mu_0 + \omega_1 \times \mu_1 \tag{4-2}$$

前景与背景的方差为：

$$g = \omega_0 (\mu_0 - \mu)^2 + \omega_1 (\mu_1 - \mu)^2 \tag{4-3}$$

将公式（4-2）带入公式（4-3）则有：

$$g = \omega_0 \omega_1 (\mu_0 - \mu_1)^2 \tag{4-4}$$

在本研究中主要利用 OTSU 算法将步骤 2 中切割所得图像二值化为白色底片，因此将 OTSU 算法中的阈值设定为 0（即图中所有有效像素点转化为白色）。

四、计算机面积占比

在机器视觉技术中，若没有参考，通常无法直接计算图形的真实面积，但可以通过一种抽象的方式获得图像的面积参数，即图像的像素点个数。经过二值化处理的图像都呈现白色，设 i 为像素横坐标、j 为纵坐标，$[i, j]$ 代表某个有效像素点。利用嵌套循环遍历每个像素点，并判断当该像素点为白色时，则像素点个数加 1。以此方法分别计算出全叶像素点面积 Img_N 和去掉病斑的像素点面积 Img_n，病斑面积可表示为（Img_N–Img_n），病斑占叶片的面积比 *result* 即可表示为：

$$result = \frac{\mathrm{Im}g\_N - \mathrm{Im}g\_n}{\mathrm{Im}g\_N} \times 100\%$$

（4-5）

第三节　结果与分析

一、背景分割结果

采用 grabcut 算法对背景实施分离。经试验发现，由于图像前景部分除水稻叶片外还存在其他干扰信息，直接对原图全局grabcut 切割的效果不理想。为提高背景分离准确度，在手机端传入图片时实现用户手动框选一个矩形区域 Rect（x，y，w，h）

作为参考域，其中 x, y 为矩形起点坐标，w, h 为起点相对坐标。手机端操作界面如图 4-4 所示。

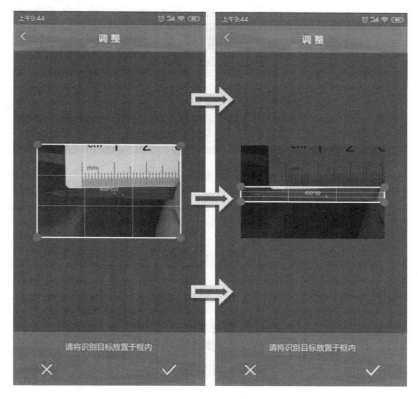

图 4-4 Rect 区域

两组稻瘟病叶片经 grabcut 算法分离后的效果如图 4-5 所示。由图 4-5 可看出，试验过程虽然加入了少量的人机交互，整个操作过程在 5 秒内可完成，但经过 Rect 区域约束后，图像切割较好地保留了叶片边缘的信息。

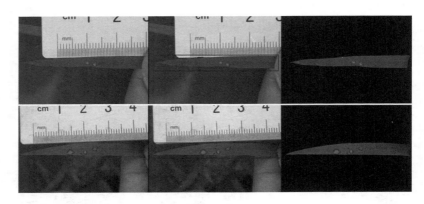

图4-5 背景分离

二、阈值范围分析

HSV 颜色空间下 H、S、V 三者的取值范围分别为 H：$[0，180]$；S：$[0，255]$；V：$[0，255]$。通过前文，我们已知利用反向阈值切割法提取病斑，需得到 HSV 颜色空间下绿色的阈值范围，在标准化 HSV 空间中绿色的取值范围为 H：$[35，77]$，S：$[43，255]$，亮度 V 对绿色影响较小，可适当扩大搜寻范围。经试验发现，使用标准化绿色阈值范围切割所得结果误差较大，绿色部分获取不够完整，导致所得病斑面积大于实际面积。为获得精确的阈值范围，提高模型可靠性，笔者选择了4组人工分级分别为1、2、3、5级的稻瘟病叶片绘制色调与饱和度关系直方图，其中纵坐标 H 代表色调，横坐标 S 代表饱和度，其结果如图4-6所示。

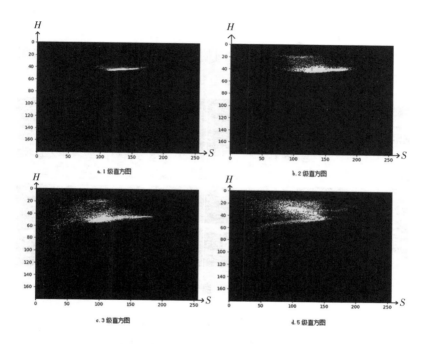

图 4-6　不同分级的 HSV 色彩分布直方图

图 4-6a 中 1 级稻瘟病叶片病斑非常小，直方图中色彩集中分布在 H 值 40 左右的绿色区域，未出现明显的色彩界限。图 4-6d 由于病程达到最高的 5 级，叶片表面几乎全部被病斑覆盖，绿色区域与病斑的黄色区域连成一片，无法分辨明显的色彩界限，参考价值较低。观察图 4-6b 和图 4-6c 可知，绿色部分集中分布在 H 色调值为 [30，60]，S 饱和度为 [50，200] 区间，H 值 30 以上存在黑色的阴影区，到 H 值为 20 又出现部分较为集中的色彩分布，通过查询 HSV 颜色空间分布值可知，H 值 20 左右为橙、黄色区域，因此可推断该部分色彩为病斑分布区。

为验证此推断，试验设定反向阈值切割的取值范围为色调 $H=[30，60]$，饱和度 $S=[50，200]$，亮度 $V=[0，255]$，将设定好的参数模型分别测试不同的稻瘟病叶片，测试结果如图 4-7 所示。

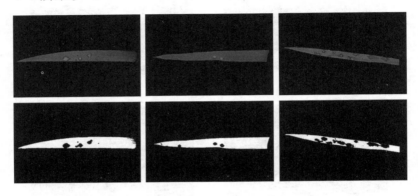

图 4-7　测试结果

由图 4-7 可知，在该取值范围内反向阈值切割法效果良好，黄色病斑、黑色病斑以及较大的病斑均成功从叶片中分离，同时可观察到病斑分布密集时，算法对于病斑的边缘控制与原图存在细微的误差。

三、分级结果对比

经反向阈值切割分离病斑后，通过前文提到的二值化操作分别计算出全叶像素点面积 Img_N 和去掉病斑的像素点面积 Img_n，再将两者带入公式（4-4）运算得到面积占比值，最后将面积占比值对应稻瘟病分级标准得出分级结果。按照稻瘟病测报调查规范 GB/T1570-1995 国家标准稻瘟病叶瘟可分为 5 级，分级标准如表 4-1 所示。

表 4-1 稻瘟病分级标准

分级	特征	病斑占叶片面积
0	无病	0%
1	病斑少而小	1% 以下
2	病斑小而多，或大而少	1%~5%
3	病斑大而较多	5%~10%
4	病斑大而多	10%~50%
5	病斑占比大，全叶枯死	50% 以上

将试验采集的 189 张 1~5 级稻瘟病图片分别编号测试算法，所得分级结果与人工判定统计结果对比如表 4-2 所示。

表 4-2 样本分级测试结果

分级	人工分级数量	算法分级数量	差值	误差率
1	52	52	0	0%
2	47	45	+2	2.33%
3	39	41	−2	2.33%
4	22	16	+6	11.76%
5	29	35	−6	11.76%
总计	189	189	8	4.23%

从表 4-2 算法测试结果可知，稻瘟病分级为 1 级时，判定结果与人工判定结果一致，准确度较高。分级为 2、3 级的样本中有 2 组分级结果与人工分级不同。4、5 级的样本中有 6 组分级结果不同，将分级结果出现偏差的图像样本测试数据单独列出到表 4-3。表 4-3 数据显示，1、2 号样本面积占比均接近 5%，介

于 2、3 级临界值，人工判定存在一定主观性，造成与机器算法约 1% 的误差。4~8 号样本经模型运算面积占比均超过 50%，但人工判定为 4 级，经笔者对比原图发现，4~8 号样本除病斑区域外，叶片自身主体部分呈现枯黄色，但未生长病斑，模型将该区域识别为病斑区域，因此与人工分级不同。根据 GB/T1570–1995 国家标准，5 级稻瘟病呈现病斑占比大且全叶枯死，因此 4~8 样本判定为 5 级也符合文件标准。

表 4–3　与人工分级结果不同的样本

编号	全叶像素点面积	去病斑像素点面积	病斑面积	面积占比	算法分级	人工分级
1	41 791	39 252	2 539	6.08%	3	2
2	28 054	26 506	1 548	5.52%	3	2
3	34 532	10 358	24 174	70.01%	5	4
4	30 525	9 684	20 841	68.28%	5	4
5	37 719	18 639	19 080	50.58%	5	4
6	34 811	16 576	18 235	52.38%	5	4
7	40 572	18 268	22 304	54.97$	5	4
8	39 818	9 803	30 015	75.38%	5	4

第四节　讨论与结论

本算法对稻瘟病病斑分割效果较好，但也存在以下问题：

（1）当叶片上存在其他病害和客观因素造成叶片枯黄时，算法会将枯黄部分识别为病斑区域影响判定结果。因此，该算法目前适用范围限定在仅发生稻瘟病单一病害的水稻上。

（2）grabcut 分离目标背景时引用了参考域，该方法有效地提高了分离精确度，但降低了算法的智能化程度。

在未来的研究中，考虑在背景分离时通过算法定位到叶片区域自动生成参考域，减少人机交互，同时在算法识别时，加入病害种类识别功能，优先判断是否为稻瘟病计算病斑面积比，提高算法的准确性和适应性。

本文基于计算机视觉技术提出一种在 HSV 颜色空间下的阈值切割法，可有效实现水稻稻瘟病的病斑分离和病程分级判定。经试验验证该算法模型与专业研究人员人工判定的结果匹配度达 95.77%，且不依赖专业仪器设备，用户只需使用智能手机拍照，即可实时获得稻瘟病精确的分级结果，提高了稻瘟病分级判定的精确性和客观性。该算法在处理因其他因素造成水稻叶片枯黄时存在一定误差，同时智能化程度也有提升空间，这将是未来课题研究的重点。

## 第五章

基于深度卷积神经网络的玉米病害识别

　　玉米是中国重要的粮食作物、饲料作物和工业原料作物，是仅次于水稻的第二大作物。中国玉米种植面积和总产量已居世界第二位。随着玉米生产的发展，玉米病虫害的种类增多、危害加重，如何快速准确地诊断玉米病害，并采取相应的防治措施，对玉米生产具有重要意义。

　　随着物联网和智慧农业的发展，国内外学者运用计算机视觉技术和图像处理技术，做了大量农作物病虫害自动识别方面的研究。如杨波等提出在服务器端使用 SVM（支持向量机）分类方法对病害加以识别，获得较好的识别效果。马浚诚等采用基于条件随机场（conditional random fields，CRF）的图像分割方法识别黄瓜霜霉病成功率达到 90%。赵玉霞等采用 Freeman 链码法与区域标记相结合对玉米常见的 5 种病害识别准确率达到 80% 以上。虎晓红等提出了一种多颜色空间下的玉米叶部病害的图论分割方法，实现较小误差诊断玉米叶部病害。综上所述，现有的农作物病害识别研究多数是基于病害图形的颜色和形状的特征入手，在可见光范围内对病害特征提取，再采用分类训练的方法实现诊断，此类方法对病害图像质量要求极高，且在不同的外部环境下对试验结果都会产生误差。笔者基于对深度学习技术的研究，自主研发了一种多层深度神经网络模型用于图像的特征提取，并以分布式计算系统作为平台运行保障，可最大限度克服外部因素对图像特征的干扰，实现快速、准确识别目标病害。

第一节 试验材料与方法

一、试验材料

本试验以四川省农业科学院搭建的农业病虫草害图文数据库为基础，该库中玉米病害图片 426 张，包含玉米大斑病、小斑病、圆斑病、灰斑病、茎腐病、普通锈病、丝黑穗、穗腐病、弯孢霉叶斑病、纹枯病 10 类病害。试验所用的部分图像如图 5-1

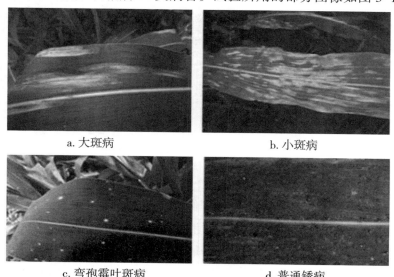

a. 大斑病   b. 小斑病

c. 弯孢霉叶斑病   d. 普通锈病

图 5-1 部分玉米病害样本图像

所示，本试验将玉米病害图像分为 2 组：训练数据 314 张，测试数据 112 张。同时准备了 400 张健康玉米的图像，所有图片均在自然光照条件下，在开放的大田环境中拍摄。

二、试验方法

本文的玉米病虫害识别方法，充分利用了深度学习的特征表示能力。由于玉米病虫害图像数量较少，而正常玉米图像获取相对更加容易。因此试验中，首先让计算机使用深度相似性学习网络学习试验材料中的 400 张正常玉米图像在不同场景下的特征表示，然后通过应用迁移学习方法，再次学习玉米病虫害图像的特征，最后对特征进行分类识别。

由于玉米病虫害图像量少，获取难度大，如果直接用现有少量的病虫害数据训练深度卷积神经网络模型，会导致模型过拟合，降低泛化性，从而无法识别新的图像。迁移学习是一种学习对另一种学习的影响，利用在已知环境中学到的知识来辅助系统在新的环境中学习，即通过学习正常玉米图像，来帮助其学习玉米病虫害图像。

第二节 试 验

一、图像预处理

健康玉米图像和病害玉米图像都存在一些无关的图像信息，图像预处理作用在于增强有关信息，并最大限度地去除无关信息，提高图像识别的可靠性。预处理负责图像降噪，调节白平衡，图像均值化等操作，保证图像数据归一化。再使用 Faster-RCNN 多目标检测算法，快速定位病症区域，排除背景干扰。

二、特征提取

（一）Triplet 相似度学习

用相机拍摄玉米照片识别病虫害时，受到拍摄场景、摄像头像素、拍摄角度等因素的影响，会产生大量的干扰信息，例如无意义的背景、强烈的光照等都会增大图像的噪点。为了解决这个问题，本文采用基于 Triplet 相似性度量学习方法，通过特征学习使得同一玉米在不同场景下的图像特征更相似。Triplet 相似度学习的函数 Triplet loss 公式如（5-1）所示。

$$\left\| x_i^a - x_i^p \right\|_2^2 + threshold < \left\| x_i^a - x_i^n \right\|_2^2 \qquad （5-1）$$

其中 x_i^a 表示参考样本，x_i^p 表示同类样本，x_i^n 表示异类样本，$threshold$ 表示特定阈值。该公式阐明了同类样本与异类样本之间关于特征距离的关系，异类样本的距离要大于同类样本加上阈值的距离。依照 Triplet 相似性度量学习方法，本文拟用结合 Triplet loss 的双卷积神经网络结构来学习玉米图像的特征，其网络结构如图 5-2 所示。

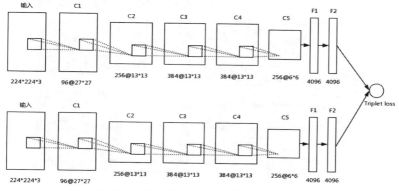

图 5-2　基于 Triplet loss 的双卷积模型

该模型由上下两层卷积神经网络和最后的 Triplet loss 函数构成。试验中将玉米图片训练集整理成三组形式，即 $\left(d_i^a, d_i^p, d_i^n\right)$。其中 d_i^a 为拍摄的玉米病害图片，d_i^p 为农业病害数据库中标准玉米病害图片，d_i^n 为无病害的正常玉米生长图片。将三组数据输入模型中，经过一系列运算最终汇聚到全连接层，得到对应的数据为 $\left(x_i^a, x_i^p, x_i^n\right)$。通过 Triplet 运算优化后的图片特征，可以得到拍摄的同一种玉米病害图片与标准库中对应病害图片的特征距离，比病害图片与正常玉米图片的特征距离小，使得玉米病害识别匹配度更高。不同层的卷积特征可视化如图 5-3 所示。

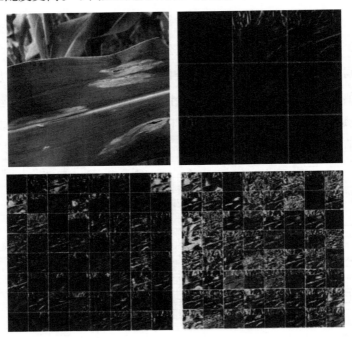

图 5-3　卷积特征可视化图像

（二）SIFT 特征提取

为了弥补通过深度卷积神经网络提取的特征在图像纹理细节表示较为欠缺的问题，我们采用尺度不变但特征变换的 SIFT（scale-invariant feature transform，SIFT）特征作为补充特征，做加权融合，加强特征的描述能力。SIFT 特征具有尺度不变性的属性，即使改变旋转角度、图像亮度或拍摄视角，仍然能够得到好的检测效果。首先提取图片的尺度空间，建立如下差分高斯金字塔（difference of gaussian，DOG），如图 5-4 所示。

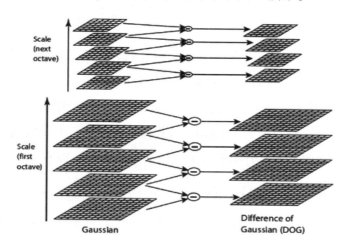

图 5-4　高斯金字塔模型

然后比较每一个像素点和它的 26 个相邻点，利用公式（5-2）过滤掉一部分的关键点。

$$\frac{Tr(H)^2}{Det(H)} < \frac{(r+1)^2}{r}$$

（5-2）

计算 DOG 中关键点的梯度和方向，将梯度直方图分为 36 个柱统计邻域内像素的梯度和方向，将方向的峰值作为该特征点的主方向。最后以关键点为中心取 8×8 的窗口，求得每个像素的梯度幅值与梯度方向，然后用高斯窗口进行加权运算，在每个 4×4 的小块上计算 8 个方向的梯度方向直方图，形成 4×4×8=128 维的描述子，最后将 128 维特征向量归一化作为最终的描述子。

第三节　标签分类

在玉米病虫害识别任务中，不能单纯判断玉米是否有病症，而是需要具体识别出是哪种病症，因此识别任务是一个多标签分类任务。卷积神经网络通常采用 softmax 回归模型用于多分类任务。softmax 回归模型是 logistic 回归模型的推广，主要应用在多分类问题即类标签有两个以上取值的问题上。假设有 m 个样本的训练集 $\left\{ \left(x^{(1)}, y^{(1)} \right), ..., \left(x^{(m)}, y^{(m)} \right) \right\}$，特征向量 x 为 $n+1$ 维。不同于 logistic 回归处理二分类问题，softmax 回归中类标取值个数 k 大于 2。因此在训练集 $\left\{ \left(x^{(1)}, y^{(1)} \right), ..., \left(x^{(m)}, y^{(m)} \right) \right\}$ 中，有 $y^{(i)} \in \{1, 2, ... k\}$。对于每个训练样本的输入 x，设值 $p(y = j \mid x)$ 为该样本对每一类 j 的概率。因此对于有 k 个类别的多分类任务，需要如式（5-3）输出一个 k 维向量表示每类的概率。

$$h_\theta(x^{(i)}) = \begin{bmatrix} p(y^{(i)}=1\mid x^{(i)};\theta) \\ p(y^{(i)}=2\mid x^{(i)};\theta) \\ \vdots \\ p(y^{(i)}=k\mid x^{(i)};\theta) \end{bmatrix} = \frac{1}{\sum_{j=1}^{k} e^{\theta_j^T x^{(i)}}} \begin{bmatrix} e^{\theta_1^T x^{(i)}} \\ e^{\theta_2^T x^{(i)}} \\ \\ e^{\theta_k^T x^{(i)}} \end{bmatrix} \quad （5\text{-}3）$$

其中 $\theta_1, \theta_2, \ldots, \theta_k$ 为模型参数。$\sum_{j=1}^{k} e^{\theta_j^T x^{(i)}}$ 为归一化函数，归一化函数是指所有的概率在归一化后的和为 1。为便于理解，此处用 $1\{\cdot\}$ 作为示性函数，其取值满足 $1\{$值为真的表达式$\}=1$，$1\{$值为假的表达式$\}=0$。代价函数定义如（5-4）所示。

$$\nabla_{\theta_j} J(\theta) = -\frac{1}{m} \sum_{i=1}^{m} \left[x^{(i)} \left(1\{y^{(i)}=j\} - p\left(y^{(i)}=j\mid x^{(i)};\theta\right) \right) \right] \quad （5\text{-}4）$$

参数求解就需要将 $J(\theta)$ 最小化，使用梯度下降法可避免因没有闭式算法带来的问题，变形后的梯度算法公式如（5-5）所示。

$$J(\theta) = -\frac{1}{m} \left[\sum_{i=1}^{m} \sum_{j=1}^{k} 1\{y^{(i)}=j\} \log \frac{e^{\theta_j^T x^{(i)}}}{\sum_{l=1}^{k} e^{\theta_l^T x^{(i)}}} \right] \quad （5\text{-}5）$$

将计算结果带入梯度下降法中，并迭代更新参数等待参数训练。最后采用公式（5-6）输出特征 x 分类为类别 j 的概率。

$$p\left(y^{(i)}=j\mid x^{(i)};\theta\right) = \frac{e^{\theta_j^T x^{(i)}}}{\sum_{l=1}^{k} e^{\theta_l^T x^{(i)}}} \quad （5\text{-}6）$$

第四节　病害识别

卷积神经网络（convolutional neural networks，CNN）是受生物自然视觉认知机制启发设计的一种深度学习结构，用来处理图像、视频等可以表示为多维数组的数据。典型的 CNN 主要包含两个部分：第一部分为卷积层和池化层，第二部分为全连接层和输出层。

CNN 在分类和识别任务上面已经显示了其强大的能力，其层次结构以及卷积、池化等操作对特征的表示尤为重要。CNN 输出的激活值能够在一定程度上被解释为视觉特征，因此可以将用于分类的 CNN 模型看作为一个特征提取器，特别是采用 imagenet 等数据量很大的训练集训练分类后的 CNN 模型，可以被看作为一个通用的特征提取工具，其在特征表示，特别是语义特征上面相当出色。当使用训练好的 CNN 模型直接提取特征时，可以使用最后三层全连接层（fc1，fc2，output）的激活值作为特征表示。其中 output 是最终的输出层，fc2 是最后一层隐含层，fc1 是第一层全连接层。不采用浅层的卷积层提取特征，是因为 CNN 中的浅层并没有包含丰富的语义表示，而深层特征则是通过浅层和中层局部信息的组合获得的。

基于玉米病虫害图像的特点，我们设计如图 5-5 的深度卷积神经网络模型用于玉米病虫害多分类识别，网络模型包含输入层 1 个、卷积层 5 个、全连接层 2 个，以及最后的病虫害分类层。

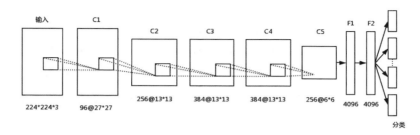

图 5-5　识别玉米病虫害的卷积神经网络模型

（1）卷积层

由于卷积神经网络只能接收固定大小的输入，首先要将输入图像转化为 224×224 固定大小的三通道 RGB 图像。网络的输入大小为 $224 \times 224 \times 3$，第一层卷积层 C1 使用 96 个大小为 11×11、步长为 4 的滤波器（卷积核），对输入图像的固定块进行卷积运算。卷积运算之后是最大值池化（max pooling）操作，所有最大值池化操作都使用大小为 3×3、步长为 1 的滤波器对输入进行下采样。C2 层使用 256 个大小为 5×5、步长为 1 的卷积核。C3 层使用 384 个大小为 3×3、步长为 1 的卷积核。C4 层使用 384 个大小为 3×3、步长为 1 的卷积核。C5 层使用 256 个大小为 3×3、步长为 1 的卷积核。

（2）全连接层

两层全连接层 F1、F2 都包含 4 096 个神经元。其中每个神经元都与输入和输出的每个神经元相连。

（3）病虫害分类层

病虫害分类层为 softmax 分类器，softmax 分类器的每一类都对应一个玉米病虫害，即分类器中神经元的个数对应玉米病虫害中类别的数量。

由于玉米病虫害图像量少，获取难度大，如果直接用现有少量病虫害数据训练深度卷积神经网络模型，会导致模型过拟合，降低泛化性，从而无法识别新的图像。迁移学习可以利用在一个环境中已经学到的知识帮助完成新环境中的学习任务，在深度学习的训练中，可以迁移已训练好的模型参数到新的模型中，帮助其训练新的数据集。我们首先用前文中训练好的网络模型参数，初始化除最后多分类层以外的网络参数，然后用公式（5-7）高斯分布随机初始化分类层神经元参数，最后使用玉米病虫害的数据集再次训练整个网络。

$$f(x) = \frac{1}{\sigma\sqrt{2\pi}} e^{-\frac{(x-\mu)^2}{2\sigma^2}} \qquad （5-7）$$

首先使用 error back propagation（误差反向传播算法）训练整个卷积神经网络，信息的正向传播和误差的反向传播组成整个训练过程。

（1）正向传播阶段

选取一批训练样本标记为 $\left\{ (x_1, Y_1), (x_2, Y_2), \ldots, (x_m, Y_m) \right\}$，样本 x_i 表示正常玉米图像，样本 y_i 表示病害玉米图像。输入样本图像的 RGB 像素值，初试样本数据输入后，利用该层的参数与输入数据计算本层的输出数据，并将该输出数据作为下一层的输入数据，每层数据以此类推，数据经过卷积层、全连接层最终输出数据，得到玉米病害的多分类标签。

（2）反向传播阶段。根据 softmax 标签分类损失函数公式，如公式（5-8）所示。

$$J(\theta) = -\frac{1}{m}\left[\sum_{i=1}^{m}\sum_{j=1}^{k}1\{y^{(i)}=j\}\log\frac{e^{\theta_j^T x^{(i)}}}{\sum_{l=1}^{k}e^{\theta_l^T x^{(i)}}}\right] \quad （5-8）$$

其中等式右边的 m 表示训练样本数，k 表示在该属性中分类器的别数 1 内的式子表示输出分类与标签一致，其性质为示性函数。首先计算出输出层的误差，再通过反向传播将误差结果回传至前几层，执行误差回传。当下层遇到 pooling（池化层）时，需使用公式（5-9）计算误差值。

$$\delta_j^l = upsample\left(\delta_j^{l+1}\right)\bullet h\left(a_j^l\right) \quad （5-9）$$

其中 l 表示卷积层，$l+1$ 为卷积层的下层池化层，$h\left(a_j^l\right)$ 为激活函数的倒数，δ^{j+1} 为池化层的误差，因此右边式子可看作两参数的矩阵点积操作（圆点表示矩阵点积操作）。当下层遇到卷积层时，则设该卷积层拥有 M 个卷积核和 N 个特征图，卷积层为 l 层，池化层为 $l+1$ 层。误差项存在于每个卷积层中的卷积核，若要计算池化层 j 个通道的误差，则需要使用公式（5-10）。

$$\delta_j^l = \sum_{j=1}^{M}\delta_j^{l+1}\Theta k_{ij} \quad （5-10）$$

根据上述误差计算，就可以通过当前网络权值和学习率更新参数。待参数计算完毕后，便可使用模型对病害识别分类，对待检测的病害测试集逐一识别测试。本文将训练好的卷积神经网络模型看作一个多分类器，将图像输入到子网络中，向前传播至 softmax 层，用 softmax 层最大值所表示的类别作为输入图像的病虫害类别。

第五节　试验结果

将经过训练的深度卷积神经网络模型，对包含玉米大斑病、小斑病、圆斑病、灰斑病、茎腐病、普通锈病、丝黑穗、穗腐病、弯孢霉叶斑病、纹枯病 10 类病害的 112 张病害测试数据进行识别检测，其结果如表 5-1 所示。

表 5-1　识别结果

病害种类	训练样本数 / 测试样本数	正确识别数	识别率 /%
大斑病	52/16	15	93.75
小斑病	45/15	13	86.67
圆斑病	17/6	5	83.33
灰斑病	24/9	7	77.78
茎腐病	19/8	7	87.50
普通锈病	30/10	10	100.00
丝黑穗	27/11	11	100.00
穗腐病	33/13	12	92.31
弯孢霉叶斑病	27/11	10	90.91
纹枯病	40/13	13	100.00
总计	314/112	103	91.96

该试验结果表明本方法能有效识别以上 10 类玉米常见病害，且其中有 6 类的识别正确率达到 90% 以上。

第六节　结论

本文提出一种基于深度卷积神经网络的玉米病害识别方法。通过正常训练玉米图像在不同场景下的特征表示，然后通过应用迁移学习方法，将玉米病害图像特征加入训练集，最后对特征进行分类识别，实现病害识别的目标。试验结果表明：

（1）本方法能有效识别玉米常见的 10 类病害。其中大斑病、普通锈病、丝黑穗、穗腐病、弯孢霉叶斑病、纹枯病 6 类病害识别效果较好，正确率达到 90% 以上。

（2）该算法正确率与图片所呈现的特征明显程度成正比。普通锈病、丝黑穗、纹枯病由于表象特征明显，识别率可达到100%；而小斑病、圆斑病、灰斑病因特殊环境下所呈现的特征具有一定相似性，容易出现误判，导致识别正确率较低。

（3）识别率受训练样本数量约束。识别率最低的三种病害分别是灰斑病（77.78%）、圆斑病（83.33%）、茎腐病（87.50%），该三类病害由于训练样本较少训练不足，导致识别正确率较低。

本文以深度卷积神经网络模型实现了玉米病害识别，该方法具有识别率高，识别速度快等特点，且可以最大限度地克服外部环境的干扰，实现快速、准确识别目标病害。但该方法未考虑病害在病程各个阶段所呈现的特征不同，因此可能造成误判影响识别率，这将是下一步的重点研究方向。

第六章

基于 U-net 的玉米病害
分级算法研究

玉米常见的大斑病、小斑病、灰斑病、锈病等叶部病害长期影响着玉米的健康生长。随着玉米种植面积的增大，玉米病害的种类增多、危害加重，如何快速准确地诊断玉米病害，并采取相应的措施，对玉米产业的发展具有重要意义。现今市面上存在一些可以实现病害识别的系统，但此类系统通常只能识别病害种类，无法鉴定病害程度的等级。玉米病害发生的程度不同，所需治理的方法和喷洒农药的剂量也会随之有较大差异。如何智能判断玉米病害程度的等级，为农户提供最优的治理方案，就成为我们研究的重点。

传统的玉米病害程度分级通常依靠人工判断，这种方法效率低、误差大，且严重依赖个人经验。叶部病害的分级依赖于叶部病斑的分割和病斑面积的测算。随着物联网和机器视觉技术的发展，国内外学者运用计算机视觉和图像处理技术，做了大量农作物病斑分割方面的研究。如李新疆等在 HSV 颜色空间下实现红枣叶片病斑自动分割。马浚诚等采用基于条件随机场（conditional random fields，CRF）的图像分割方法识别黄瓜霜霉病成功率达到 90%。蒲一鸣利用 BP 神经网络模型实现水稻病斑分割。以上针对叶部病害的分割方法在农业领域虽取得了一定成效，但上述基于图像分析的方法存在以下三点不足：

（1）上述方法都是用于处理作物的某一种特定病害，分割算法的普适性较差。

（2）深度卷积神经网络模型更适合用于病害的分类，利用卷积神经网络进行图像分割的效果并不理想。

（3）以上方法对病斑分割的目的都是对图像进行分类，并未考虑对病害程度分级的问题。针对以上不足，本文采用基于FCN（fully convolutional networks）算法原理的两组 U-net 网络结构并行运算机制拟解决玉米病害图像的病斑分割问题，并根据分割面积比例，直接测算出病害等级。U-net 是 2015 年提出的一种基于全卷积网络扩展的图像分割算法，是基于 FCN 的改进结构，其通过对图像进行下采样后再上采样，实现对图像的像素级实例分割。目前该模型已运用到医疗、交通等领域，但尚未有研究人员改进该模型解决农业领域问题，本文将基于改进 U-net 算法模型，对玉米常见的 4 类叶部病害进行病斑分割，实现病程自动分级。

第一节　试验材料和方案

一、试验材料

本试验图像采集自四川省农业科学院现代农业科技创新示范园区，在自然光条件下利用数码相机采集了大斑病、小斑病、灰斑病、锈病 4 类常见叶部病害图像各 200 张，共计 800 张图像，每张图像分辨率为 5760×3840。为实现有限的训练集中达到理想的训练度，利用脚本程序对图像集进行竖直旋转、水平翻转、亮度变化、对比度变化和随机裁剪等形态改进，将每一类图像从原有的 200 张扩充到 1 100 张，总计 4 400 张图像。从 4 400 张图像集中随机挑选 3 000 张作为图像训练集，1 400 张作为测试集图像。部分病斑图像如图 6-1 所示。

大斑病

灰斑病

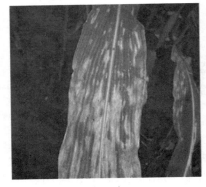
小斑病

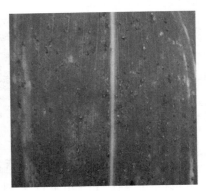
锈病

图 6-1　部分玉米病害图像样本

二、试验方案

（一）模型框架

玉米病害等级的判断主要依据是叶片病斑占总叶片的面积比例。识别图像中的玉米叶片病斑面积占比，首先需检测当前输入图像中的主体玉米叶片目标，然后通过图像分割方法计算主体叶片在输入图像中的像素面积 mask 图，其次需要检测定位该叶片上的病斑区域，同样计算病斑区域在输入图像中的像素面积 mask 图，如公式 6-1 所示，两者相除计算出病斑面积占比，用于划分玉米病虫害等级。

$$f(x) = \frac{S_{disease}(x)}{S_{leaf}(x)}$$

（6-1）

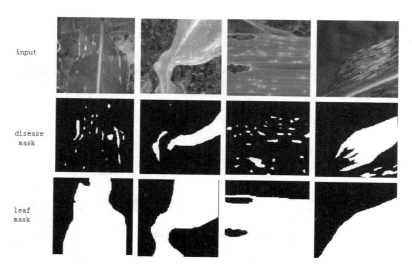

图 6-2　玉米叶片 mask 图

　　因应用场景为相机、手机拍照上传，待检测图像的拍摄角度、光照、背景等情况复杂，对算法的鲁棒性（robust）提出了较高要求，因此很难通过传统图像处理算法，边缘检测、图像纹理特征、阈值分割等方法来解决此类问题。我们用到了2014年 Long 等人提出的全卷积网络 FCN，FCN 是一个著名的 CNN（convolutional neural networks）结构的像素密度预测网络，不同之处在于 CNN 卷积层之后连接的是全连接层，而 FCN 卷积层之后仍连接卷积层，输出的是与输入大小相同的特征图，及我们需要的 mask 图用于计算病斑面积占比。本研究我们主要采用 U-net 网络结构解决玉米病害图像的语义分割问题。U-net 是 2015 年提出的一种基于全卷积网络扩展的图像分割算法，基于 FCN 的改进结构，多用于医疗、卫星遥感等语义分割场景。其网络结构如图 6-3 所示。

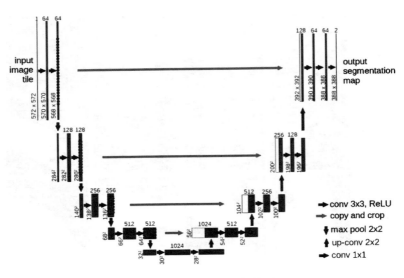

图 6-3　U-net 算法结构图

整个 U-net 网络结构如图 6-3 所示，竖向的数字表示特征图（feature map）大小，横向数字表示通道数，网络类似于一个字母 U：网络的左半边首先进行 Conv+Pooling 对输入图像下采样；然后网络的右半边通过 deconv 反卷积进行上采样，同时，裁剪前面对应的低层 feature map，使得低层的 feature map 尺寸大小与右半边的 feature map 相同，并进行融合（这里的融合是指拼接，比如低层维度为 $280 \times 280 \times 128$，高层维度为 $200 \times 200 \times 128$，先将低层裁剪为 $200 \times 200 \times 128$，然后融合，融合后的 feature map 为 $200 \times 200 \times 256$）；然后再次上采样。重复这个过程，直到获得输出 $388 \times 388 \times 2$ 的 feature map，最后经过 softmax 获得像素级图像分割结果。

（二）数据标注

在模型训练之前需要对数据集做大量的数据标注。计算机视觉领域常用的图像标注工具有 labelme、labelImg、yolo_mark、sloth 等。"labelme"是美国麻省理工学院（MIT）的计算机科学和人工智能试验室（CSAIL）研发的图像标注工具，使用时不需要在电脑中安装或复制大型数据集，且具有适用范围广、方便易用等特点。因此本研究使用 labelme 作为数据标注软件。

在做数据标注时，我们通过曲线将病症区域框出，将标签命名为"disease"，通过曲线将叶片主体区域框出，标签命名为"leaf"，软件主界面如图 6-4 所示。

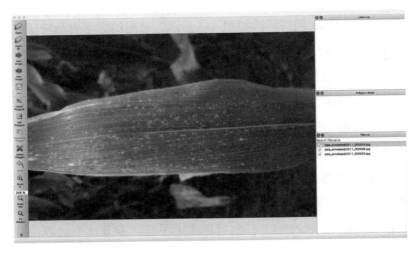

图 6-4 labelme 样本标记

（三）模型训练指标

我们在训练模型时，通常根据算法模型目标函数的收敛情况判定算法是否训练完成，如：目标函数值在近 1 000 次迭代内 loss 变化比较稳定。同时参数的调整一定程度上也与目标函数相关，目标函数收敛，则说明模型参数已经接近模型的全局最优点或局部最优点，如果目标函数一直波动无法收敛，此时就需要调整学习率或者是 batch_size 等参数。

衡量图像分割准确率的度量标准主要有三种：像素准确率（pixel accuracy，PA）、平均像素准确率（mean pixel accuracy，MPA）、平均 MIOU（mean intersection over union，MIOU）；其中 PA 是把分割正确的像素量除以像素总数，如公式 6-2 所示。MPA 是对 PA 的改进，它是先对每个类计算 PA，然后再对所有类的 PA 求平均，如公式 6-3 所示。

$$PA = \frac{\sum\limits_{i=0}^{k} p_{ii}}{\sum\limits_{i=0}^{k}\sum\limits_{j=0}^{k} p_{ij}}$$ （6-2）

$$MPA = \frac{1}{k+1}\sum\limits_{i=0}^{k}\frac{p_{ii}}{\sum\limits_{j=0}^{k} p_{ij}}$$ （6-3）

MIOU 为语义分割的标准度量，计算的是两个集合的交集和并集之比，即预测区域与实际区域的交集除以预测区域与实际区域的并集。然后在每个类上计算各个 IOU 之和的平均。相对于其他语义分割的度量标准中，MIOU 具备更加简洁和代表性强等优点，因此本研究使用该标准作为模型的分割训练指标。语义分割归根究底是一个分类任务，分类任务预测的结果往往就是 4 种情况：true positive（TP）、false positive（FP）、true negative（TN）、false negative（FN）。MIOU 的定义是计算真实值和预测值两个集合的交集和并集之比。这个比例可以变形为 TP（交集）比上 TP、FP、FN 之和（并集）。即 MIOU=TP/（FP+FN+TP）。通用公式为：

$$MIOU = \frac{1}{k+1}\sum\nolimits_{i=0}^{k}\frac{p_{ii}}{\sum\nolimits_{j=0}^{k} p_{ij} + \sum\nolimits_{j=0}^{k} p_{ji} - p_{ii}}$$ （6-4）

在此假设共有 $k+1$ 个类，p_{ij} 表示本属于类 i，但被预测为类 j 的像素数量。即 p_{ii} 表示为真正的数量，而 p_{ij}、p_{ji} 则分别被解释为假正和假负。在本试验中，分别用 MIOU 衡量两个模型的准确度，且均属于 2 分类问题及区分目标和背景，因此 $k=2$。通常 MIOU 值越接近 1，表示模型分割与真实情况越接近。因此在测试数据时，当模型 MIOU 值趋近于 1 并逐渐收敛不再有太大波动时，代表训练完成。

（四）模型设计

本研究设计了双 U-net 模型组并行运算实现图像的语义分割任务。分别训练 U-net 模型用于病症检测和主体玉米叶片检测，输入图像通过卷积运算实现特征变换，最后得到与原图等比例的 mask 二值图像，通过二值图像计算病症占比，输出计算结果。算法流程如图 6-5 所示。

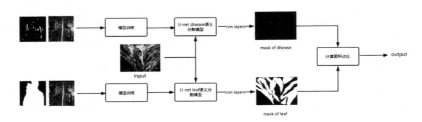

图 6-5　算法流程示意图

由图 6-5 可知，分别将标记为 "disease" 的图像加入 U-net disease 模型中训练，将标记为 "leaf" 的图像加入 U-net leaf 中训练。当输入一张完整玉米病害图像时，两组模型分别分割图像中的病斑区域和叶片区域，再分别做 mask 二值化运算，最后通过像素点得出病斑与叶片的占比，输出结果。本算法与传统图像分割方法相比，该方法能获得更好的鲁棒性，不会因为目标形态变化、光照变化、颜色变化而降低算法准确度。

第二节　试验

一、试验平台

计算机图像处理需服务器具备较强性能的 CPU 和 GPU 支持，因此试验中我们采用两颗至强 E5-2678 v3 主频 2.50 GHz 的 CPU，GPU 采用了现阶段性能突出的 Nvdia GeForce RTX2080 芯片，试验平台操作系统为 Ubuntu16，编程语言为 Python，其他详细配置如表 6-1 所示。

表 6-1　试验平台配置表

CPU 型号	Intel（R）Xeon（R）CPU E5-2678 v3 @ 2.50GHz
CPU 个数	2
内存	4×32GB
硬盘	1.8TB
操作系统	Ubuntu 16
GPU 型号	GeForce RTX2080
GPU 数	1
GPU 显存	8GB

二、模型训练

由于原始图像尺寸太大，直接放入模型训练不便，使用到了 resize 方法对图像进行缩放处理。本项目中的两种 U-net

模型训练过程中使用的框架是相同的，项目中尝试了不同的输入尺寸对模型的影响，最终采用参数如表 6-2 所示。

表 6-2　U-net 框架参数表

Input_size	（256，256）
Batch_size	8
Epoch	100
Learning_rate	0.001
Gamma	0.1
Learning_rate_decay（epoch）	20
GPU_Num	1
GPU_Memory	8G
Training time	25h18m*

　　本试验中，需要在短时间内获取大量数据的玉米病斑数据难度及成本较大，试验中获取到的数据量少，不足以使模型得到充足的训练。通过模型迁移的方式，可以在一定程度上减少这种不足，在实际操作中，U-net 算法模型的骨干网络前两个网络参数采用在 Image Net 数据集（包含超过 20 000 类别的 1 400 万带标注的图像集）上训练的参数进行初始化，而其他网络层参数则使用随机初始化的方式进行训练。将大小不定的原始训练集图像按最长边 512 等比例缩放，然后随机取（crop）其中大小为 $n \times n$ 的块（比如 256×256）作为训练输入。标签则是对应的目标部分像素值为非 0，其他部分为 0 的 mask 图，如图 6-6 框中选取的区域。

A. 原图　　　　　　　B. 病斑掩模　　　　　　C. 叶片掩模

图 6-6　训练样本

考虑到光照可能对图像造成的影响，因此在 U-net 训练过程中也采用了随机增加或降低图像亮度的方法，然后将经过变换后的图像作为模型输入，如图 6-7 所示。

A. 原图　　　　　B. 随机光照变暗　　　　C. 随机光照变亮

图 6-7　训练样本光照变换

如上述 U-net 框架参数表中所示，模型一次训练 8 张经过 crop 的图像，总共迭代训练了 100 个批次（对所有训练数据训练 100 次）。U-net 模型的语义分割结果指 crop 其中心（$n-32$）×（$n-32$）大小作为输出，并且在标记的 mask 相应区域计算 loss。

三、测试结果

为保证算法执行效率，使 CPU 运算时间上不超过 1 秒，经过反复验证后，我们尝试采用 256×256 和 128×128 作为缩放后的输入尺寸。对比了输入不同尺寸，以及是否增加光照等因素变换后对精确度的影响。最后两组 U-net 模型的测试结果如表 6-3、表 6-4 所示。

表 6-3　U-net of disease 测试结果表

Input_size（n）	Change brightness	Mean IOU	GPU time/ms	CPU time/ms
128	N	0.927 0	32	78
128	Y	0.917 4	32	78
256	N	0.929 5	84	143
256	Y	0.936 3	84	143

表 6-4　U-net of leaf 测试结果表

Input_size（n）	Change brightness	Mean IOU	GPU time/ms	CPU time/ms
128	N	0.943 0	32	78
128	Y	0.937 4	32	78
256	N	0.953 1	84	143
256	Y	0.963 3	84	143

由表 6-3、表 6-4 可知，当输入尺寸为 256×256 且增加光照时，MIOU 值分别达到了 93.63% 和 96.33%，且两组测试数据运算时间都在 1 秒内。由于病斑模型的特征过小可能会导致一定的漏检，从两个模型的 MIOU 指标上也能发现叶片的分割效果略优于病症的分割效果，测试图像分割结果如图 6-8 所示。

输入图像

输出图像

图 6-8　病斑分割效果图

其中蓝色部分为健康叶片部分，紫色为标记病斑部位。由图可见蓝色健康叶片部位完整地分离叶片与图像背景，边缘保存完好。紫色部位与病斑基本重合，只有部分细微处存在漏检。

四、病害分级

通过对输出图像二值化操作即可计算出叶片像素点面积 Sleaf 及病斑像素点面积 Sdisease，将参数带入公式（6-1）得出病斑面积占比。玉米叶部病害通常以病斑面积占比来判断病级，不同的病害对应不同的分级标准，以大斑病、锈病、小斑病、灰斑病、弯孢菌叶斑病为例，其详细分级标准如表 6-5、表 6-6、表 6-7、表 6-8、表 6-9 所示。

表 6-5　玉米大斑病鉴定病情级别划分

病情级别	症状描述
1	叶片上无病斑或仅在穗位下部叶片上有零星病斑，病斑占叶面积少于或等于 5%
3	穗位下部叶片上有少量病斑，占叶面积 6%~10%，穗位上部叶片有零星病斑

续表 6-5

病情级别	症状描述
5	穗位下部叶片上病斑较多，占叶面积11%~30%，穗位上部叶片有少量病斑
7	穗位下部叶片或穗位上部叶片有大量病斑，病斑相连，占叶面积31%~70%
9	全株叶片基本为病斑覆盖，叶片枯死

表 6-6　玉米锈病鉴定病情级别划分

病情级别	症状描述
1	叶片上无病斑或仅有无孢子堆的过敏性反应
3	叶片上有少量孢子堆，占叶面积少于25%
5	叶片上有中量孢子堆，占叶面积26%~50%
7	叶片上有大量孢子堆，占叶面积51%~75%
9	叶片上有大量孢子堆，占叶面积76%~100%，叶片枯死

表 6-7　玉米小斑病鉴定病情级别划分

病情级别	症状描述
1	叶片上无病斑或仅在穗位下部叶片上有零星病斑，病斑占叶面积少于或等于5%
3	穗位下部叶片上有少量病斑，占叶面积6% ~ 10%，穗位上部叶片有零星病斑
5	穗位下部叶片上病斑较多，占叶面积11% ~ 30%，穗位上部叶片有少量病斑
7	穗位下部叶片或穗位上部叶片有大量病斑，病斑相连，占叶面积31% ~ 70%

续表 6-7

病情级别	症状描述
9	全株叶片基本为病斑覆盖,叶片枯死

表 6-8 玉米灰斑病鉴定病情级别划分

病情级别	症状描述
1	穗位上部叶片无病斑或有零星病斑,占叶面积 0 ~ 5%
3	穗位上部叶片有少量病斑,占叶面积 6% ~ 10%
5	穗位上部叶片上病斑较多,占叶面积 11% ~ 30%
7	穗位上部叶片上有大量病斑,病斑相连,占叶面积 31% ~ 70%
9	穗位上部叶片基本为病斑覆盖,叶片枯死

表 6-9 玉米弯孢菌叶斑病鉴定病情级别划分

病情级别	症状描述
1	叶片上无病斑或仅在穗位下部叶片上有零星病斑,病斑占叶面积少于或等于 5%
3	穗位下部叶片上有少量病斑,占叶面积 6% ~ 10%,穗位上部叶片有零星病斑
5	穗位下部叶片上病斑较多,占叶面积 11% ~ 30%,穗位上部叶片有少量病斑
7	穗位下部叶片或穗位上部叶片有大量病斑,病斑相连,占叶面积 31% ~ 70%
9	全株叶片基本为病斑覆盖,叶片枯死

依据鉴定品种发病程度（病情级别）确定其对病害的抗性水平，以上5类病害判断标准基本相同，划分标准见表6-10。

表6-10　病情级别对应抗性

病情级别	抗 性
1	高抗 highly resistant （HR）
3	抗 resistant （R）
5	中抗 moderately resistant （MR）
7	感 susceptible （S）
9	高感 highly susceptible （HS）

将公式（6-1）计算所得病斑占比带入对应的病害级别划分表，即可得出病情级别。对应到表6-10即可了解品种抗性。

第三节　讨　论

近年来，以深度学习为基础展开的农作物病害识别研究已较为成熟。国内外研究人员利用卷积神经网络对农作物病斑分割研究也取得了一定成效。如任守纲等采集了18 160张番茄病害图片，通过反卷积引导的网络模型实现病斑分割MIOU值达到75.36%。王振等采集黄瓜病害图片共计1 530张，利用改进全卷积神经网络实现黄瓜病斑分割MIOU值为70.43%。相比之下，本研究采集的原始病害图片每种为200张，总计800张，数据集少于上述两类方法。在深度卷积神经网络中若训练数据特征过于复杂、训练数量少，会导致模型过拟合。若是直接增加原始图像采集数量又会大量增加人力和时间成本。在本研究中，笔者将

imagenet 数据集作为 U-net 算法模型的骨干网络前两个网络参数并进行初始化，而其他网络层参数则使用随机初始化的方式进行训练。通过模型迁移技术提高训练度，实现在有限的原始数据集中提高语义分割的准确性，本研究模型经测试叶片和病斑的分割 MIOU 值分别达到了 93.63% 和 96.33%，分割效果优于上述两类方法。

研究算法模型目的在于更好地为用户提供服务。有研究者在搭建病害识别系统框架时应用 Flask 框架开发后台服务，基于 vue.js 开发手机端 APP，这样的方式可实现在手机 APP 中快速识别目标，但使用范围比较局限。本研究算法服务系统通过开放 API，提供对各种算法元数据的访问以及算法调用。算法服务系统提供标准可扩展的算法调用接口，可同时为手机移动端、PC、高清枪机等设备提供非常有效的图像识别手段。

本研究模型对玉米病害图像的分级测试取得了一定成效，但依然存在以下可改进的空间：

（1）本模型无法对同一植株上同时存在两种以上病害的玉米叶片分级。若将同时存在两种以上病害的叶片放入模型测试，模型会统计所有病斑所占面积，从而导致结果不准确。未来考虑根据病斑特征的不同，在分割叶片与病斑的基础上，同时分割不同病害的病斑，再对多种病斑分别加以测算。

（2）本研究目前只能针对叶部病害分级鉴定。本研究中的模型加以参数调试可运用到其他作物上，但在农业中还有很多病害特征不仅呈现在叶片上，也存在于根部、茎部、果实部位。以玉米为例，穗腐病的病征主要体现在玉米果穗上，而果穗不同于叶片是平面图像，果穗的三维图像为病害区域面积测算增加了难度，目前国内外研究中仅有医学领域将 FCN 图像分割技术运用到了三维图形领域。该类运用对三维空间中农作物的病级判定同样重要，这也将是笔者未来研究的重点。

第四节 结 论

本研究提出一种基于 U-net 全卷积神经网络的玉米病斑分割方法，该方法以两组 U-net 模型并行运算实现对玉米叶部病斑图像的语义分割任务。经测试，图像分割试验中病斑分割 MIOU 值达到 93.63%，叶片分割 MIOU 值达到 96.33%，且运算速度均在 1 秒内完成。该研究以手机拍照等方式采集数据源，不依赖专业仪器设备即可实现玉米病害快速分级，可取代以往以人工目测方式进行的病害识别，提高了病害分级的准确性和客观性。该模型与手机、AI 摄像头等设备结合运用，可实现玉米病害预警、降低病害影响、增产增收、科技惠农的目标。

第七章
玉米病害识别与分级鉴定 APP 的设计与实现

通过第五章和第六章的研究，我们已获得玉米病害识别与玉米叶部病害分级两类算法模型。这两类算法模型可通过编程语言调用来获得我们想要的识别或分级结果，但想利用该研究成果服务于大众，则需要更方便、更人性化的操作方式。算法模型可通过 Windows 平台的 B/S 浏览器、Android 平台的手机 APP、嵌入式设备等开发形式为用户提供服务，考虑到近年来互联网信息平台逐渐转向移动端，同时使用农作物病害识别的场景一般在室外，因此选择手机 APP 平台作为载体是最理想的选择。

基于以上研究背景，笔者所在研究团队开发了一款基于深度学习技术原理的玉米病害识别与分级鉴定系统，并命名为玉秾 APP。玉秾 APP 可实现对玉米常见 10 类病害：大斑病、灰斑病、茎腐病、普通锈病、丝黑穗、穗腐病、弯孢霉叶斑病、纹枯病、小斑病、圆斑病的识别，并可自动鉴定其中 5 类叶部病害的病害等级。

<h1 style="text-align:center">第一节　系统功能设计</h1>

一、客户端功能设计

玉秾系统由玉秾 APP 和玉秾信息管理平台两部分构成。玉秾 APP 端功能结构如图 7-1 所示。

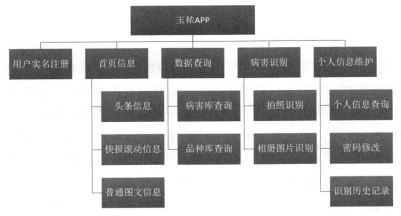

图 7-1　玉秾 APP 功能结构图

（1）用户实名注册。为用户提供免费注册通道，实名注册后可免费使用 APP 所有功能。

（2）首页信息。首页显示玉米产业相关新闻信息，信息主要以管理员发布形式获取。该模块包含头条滚动信息、快报滚动信息、普通图文信息。

（3）数据查询。该模块包含玉米病害数据库查询和品种库查询两部分。病害库可查询玉米常见病害的发生原因、症状、防治办法等信息；品种库可查询玉米先进、畅销的品种资料。

（4）病害识别。该模块为 APP 的核心功能，可通过手机拍照或选择手机内相册中的照片来识别玉米病害图片的病害类别与病级情况。

（5）个人信息维护。该模块可支持个人用户查看个人信息，查询识别历史记录，以及维护个人密码。

二、后台功能设计

后台系统名称为玉秾信息管理平台，主要功能是承担 APP 的信息发布、查询数据管理，以及用户管理等。其功能结构如图 7-2 所示。

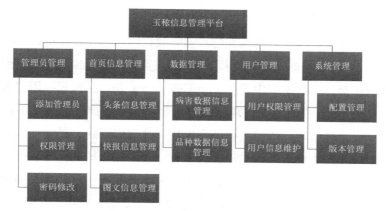

图 7-2　玉秾信息管理平台功能结构图

（1）管理员管理。主要功能为添加管理员，给管理员分配权限，维护管理员密码。

（2）首页信息管理。该模块可对头条信息、快报信息、图文信息进行发布、修改、删除等操作。

（3）数据管理。该模块主要对病害数据库和品种数据库进行管理，可实现对玉米病害信息和玉米品种信息的增加、删除、修改等操作。

（4）用户管理。该模块可查询所有实名注册APP的普通用户，并对用户权限进行管理，也可帮助普通用户实现密码重置等维护功能。

（5）系统管理。该模块主要实现系统资源配置、数据字典管理、版本管理等功能。

第二节　系统实现

一、数据库实现

本系统数据库分为两部分。APP数据因结构比较简单，因此采用MySQL数据库，并使用PDO方式实现PHP与MySQL数据库的连接。在数据库中设计了新闻表、病害表、品种表、用户表等在内的16张表。识别算法部分包含HDFS数据存储模块、深度学习计算模块、图像数据处理模块、数据库模块。其中，图像数据处理模块负责图像去噪、白平衡调节、图像均值化等操作，保证图像数据归一化，最后存入HDFS中；深度学习模块主要包含模型训练、图像特征提取、图像识别等，模型训练时系统从HDFS读取图像数据并从SQL中获取对应像素点标签，通过分布式计算平台快速迭代训练。模型训练好后导入当前模型数据库，实现玉米病虫害识别功能。

二、界面设计

玉秾APP以农业、玉米、病害防治为主题，因此界面设计时主色调以清新的绿色为主，让用户有贴近自然的感受。

APP 图片设计主要使用 Adobe Photoshop 和 Adobe Illustrator 等软件完成。

　　进入 APP 界面，开发团队所在单位的标志在上方居中显示，下方为 APP 图标、APP 名称及单位名称等信息。登录界面以渐变绿色作为背景图片，渐变色下方以 60% 透明度显示玉米图片，登录用户名和密码输入框以白色文字形式显示。

　　首页内容部分采用 scrollview 页面，使其整个页面可以上下滚动。首页头条滚动新闻采用 imagebutton 控件，可实现通过点击图片进入查看新闻详细内容。下方以 listview 控件向用户展示主要图文内容，默认显示五条新闻内容。左边展示对应图片，右边居中展示标题，新闻信息通过 scrollview 控件使其可以滑动，滑动后可刷新出更多历史新闻。APP 进入、登录、主界面三个部分如图 7-3 所示。

图 7-3　玉秾 APP 界面图

玉秾信息管理平台界面主要以传统的 HTML+JavaScript+CSS 形式实现，主色调与 APP 保持一致，界面效果如图 7-4、图 7-5 所示。

图 7-4　玉秾信息管理平台登录界面

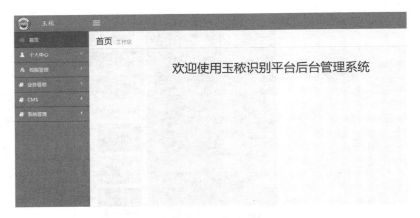

图 7-5　玉秾信息管理平台主界面

三、注册登录模块实现

系统注册需通过自身手机号实名注册。通过第三方阿里云平台短信 SDK 实现注册，注册完成后由玉秾 APP 客户端将注册信息通过 HTTP POST 请求方式提交至服务器端。系统在注册完成后会自动登录系统，在用户选择登录操作后，再次填写注册时的账号和密码信息，其中账号为注册手机号。

四、深度学习算法调用

在本书第五章、第六章已详细介绍了病害识别算法和分级算法的模型，本系统无须再重复研发模型，将两个模型用 docker 虚拟环境封装后部署于服务器上即可，服务器配置环境如表 7-1 所示。

表 7-1　服务器配置

操作系统	CentOS 7
CPU	Intel Xeon/ 至强 E5–2680V3 × 2
GPU	RTX 2080 驱动 418.88
内存	RECC DDR4/2133MHZ–16G × 16
主板	超微 X10DRI
硬盘	SSD 240G+2T
虚拟环境	Docker 19.03

图像通过玉秾 APP 拍照或相册获取，获取后自动上传到服务器做识别分类，当识别结果为非叶部病害时，直接返回输出结果，并将结果传输回 APP 前端显示。若识别结果为叶部病害则继续调用分级算法，计算叶部病斑面积占比，再将识别结果和面积比传输到 APP 前端，前端将面积占比对应到病害分级标准，得出病害分级结果。其详细流程如图 7-6 所示。

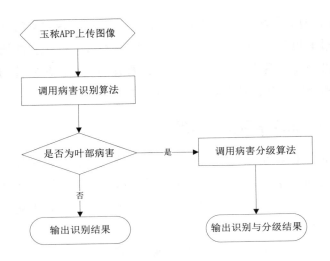

图7-6 病害识别流程图

玉秤 APP 在调用算法模型时，需掌握识别算法和分级算法的接口信息。玉米病害识别模型和分级模型在 docker 虚拟环境中的详细参数如表 7-2、表 7-3 所示。

表7-2 病害识别模型参数

Docker 镜像	corn-class-gpu-docker.tar
Docker 容器名	Classify
路径	/home/corndisease
深度学习框架	Caffe
执行主文件	corn_server.py
模型参数文件	/model/snapshot_iter_26265.caffemodel
模型结构配置文档	/model/deploy.prototx

表 7-3　病害分级模型参数

Docker 镜像	nky_segment.tar
Docker 容器名	segment
路径	/home/yumi_server
深度学习框架	TensorFlow
执行主文件	Server.py
可视化方法	visualize.py
预处理方法	post_processing.py
Mask 颜色变换方法	utils.py

玉秾 APP 病害图像识别过程界面如图 7-7 所示。

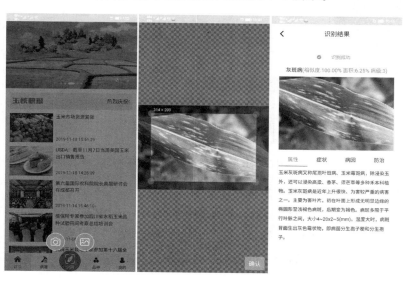

图 7-7　玉秾 APP 病害识别界面

五、信息发布模块

玉秾 APP 中信息发布主要通过玉秾信息管理平台上传并发布信息，发布后玉秾 APP 前端会自动显示最新的内容。除新闻信息外，前台显示病害数据和品种信息也属于信息发布模块，虽前端显示栏目不同，但技术实现方式相同。新闻信息发布平台界面如图 7-8 所示。

图 7-8　玉秾信息发布界面

其中目录列表中的快报、新闻、图片资源分别对应 APP 中的快报、普通信息和头条信息。通过点击"新建文章"即可编辑发布新闻动态。病害数据库信息发布同理，点击业务管理进入"病害库"，即可对病害库进行信息管理，操作完成后，APP 前端清理缓存或重新登录即可显示最新信息。

图 7-9　病害库管理界面

新闻信息、病害库信息、品种信息发布后，APP 前端显示效果如图 7-10 所示。

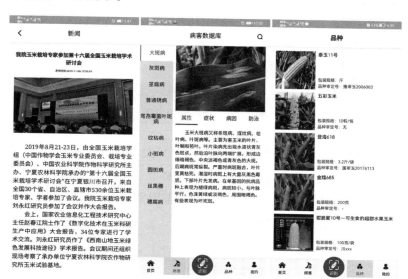

图 7-10　前端界面

六、用户信息模块

普通用户经实名注册后，玉秾信息管理平台自动获取用户信息，可对用户进行批量管理，管理内容包括：信息查询、服务状态、资料编辑、密码重置、删除用户等。用户管理界面如图 7-11 所示。

图 7-11　用户管理界面

若关闭用户服务状态，则该用户只能使用 APP 除病害识别功能以外的其他功能。用户也可在 APP 个人中心页面维护信息，个人信息页面下，用户可进行查询病害识别记录、修改密码、退出等操作。界面如图 7-12 所示。

图 7-12 个人信息界面

第三节 应用前景

1. 市场应用前景

一般情况下，识别农作物病害只能依靠农户自身经验，没有经验的新农户遭遇农作物病害时则多数只能求助当地合作社和农技站，这类咨询通常效率低、反馈时效长，而一旦错过最佳治理时机就会造成不可挽回的损失。玉秾 APP 将已在市场普及的手机端作为载体，不用依赖专业设备和仪器，通过手机拍照即可快速获得玉米病害分类及病程分级结果，为进一步处理提供依据。

2. 科研应用前景

科研人员在对品种进行病害抗性鉴定试验时，需依照病害外部特征判断抗性等级。在研究过程中，由于病斑大小不一、形状不规则，无法通过标尺或仪器精确测量病斑面积，市面上也不存在可以直接计算病斑面积占比的仪器，因此玉米病害病程分级主要依靠有经验的研究人员目测判定。该方法主观性强、精确度低，且严重依赖于科研人员的经验水平，无法满足对病斑区域的精确测量和分级判定。玉秾 APP 很好地解决了该问题，且相较于人工目测，该方法具备更高的可靠性和客观性，可大大提升科研人员工作效率。

3. 行业应用前景

当今农业发展处于物联网和智慧农业高速发展的时代。该研究推出的模型算法，不仅可以应用于 APP，还可部署于大田环境摄像头，对玉米作物长期自动化监测及玉米病害的发生提供预警信息。同时将实时图像分析数据与大田其他传感器采集信息结合分析，提炼出农作物病虫害爆发的区域分布、呈现特点等特征；分析病虫害未来发展趋势，对可能爆发的区域进行预警；结合天气、农作物种子品牌、农药药效、历年防治效果、其他省市发生情况等数据进行数据挖掘，为当前病害提供合理的防治措施，达到减少病害影响，实现科技惠农的目标。

第四节　结　论

　　玉秾 APP 是一款快速、准确、方便的便携式玉米病害识别
与分级鉴定系统。玉秾 APP 可通过手机拍照方式识别玉米常见
的 10 类病害，准确率达到 90% 以上，同时可智能计算叶部病害
的发病等级。它的出现很好地弥补了当今国内外市场病害分级软
件的空缺，为农户防治玉米病害提供了便捷的通道，为科研人员
研究病害提供了优良的工具，让计算机视觉技术在传统农业有了
更好的实践。

主要参考文献

［1］Chen X， Ma J， Qiao H， et al. The Take-All of Wheat Diseases Feature Extraction Method Study Using Ground Spectral Measurement Data and TM Multispectral Data ［C］// IEEE International Geoscience & Remote Sensing Symposium， IGARSS 2008， July 8-11， 2008， Boston， Massachusetts， USA， Proceedings. IEEE， 2008.

［2］C. Gongora-Canul， J. D. Salgado， D. Singh， A. P. et al. Temporal Dynamics of Wheat Blast Epidemics and Disease Measurements Using Multispectral Imagery ［J］. IEEE， 2020.

［3］Durmus H， Gunes E O， Kircim， et al. Disease detection on the leaves of the tomato plants by using convolutional neural networks ［C］//IEEE International Conference on TOOLS with Artificial Itelligence. 2017： 472-476.

［4］Ding Z， Nasrabadi N M， Fu Y. Task-driven deep transfer learning for image classification ［C］//IEEE International Conference on Acoustics， Speech and Signal Processing. 2016： 2414-2418.

［5］Dang Manyi; Meng Qingkui; Gu Fang; Gu Biao; Hu Yaohua. Rapid recognition of potato late blight based on machine vision ［J］. Transactions of the Chinese Society of Agricultural Engineering， 2020， （36）： 2.

［6］Jia J，Ji H. Recognition for cucumber disease based on leaf spot shape and neural network［J］. Transactions of the Chinese Society of Agricultural Engineering，2013，29（25）：115–121.

［7］Gonzalez，Rafael C，Woods，Richard E. Digital Image Processing（3rd Edition）［M］. Prentice–Hall，Inc. 2007.

［8］Bradski，Gary. The OpenCV Library.［J］. Dr. Dobb's Journal：Software Tools for the Professional Programmer，2000.

［9］Ito K . Gaussian filter for nonlinear filtering problems［C］// IEEE Conference on Decision & Control. IEEE，2002.

［10］Garcia–Garcia，Alberto，Orts–Escolano，et al.A Review on Deep Learning Techniques Applied to Semantic Segmentation.［C］. A 2017 Guide to Semantic Segmentation with Deep Learning，Fully Convolutional Networks for Semantic Segmentation，Submitted on 14 Nov 2017.

［11］Yu F，Koltun V . Multi–Scale Context Aggregation by Dilated Convolutions［J］. 2016.

［12］Wu H，Zhang J，Huang K，et al. FastFCN：Rethinking Dilated Convolution in the Backbone for Semantic Segmentation［J］. 2019.

［13］Rother C . GrabCut：interactive foreground extraction using iterated graph cuts［J］. ACM Transactions on Graphics（TOG），2004，23.

［14］canny J . A Computational Approach to Edge Detection［J］. IEEE Transactions on Pattern Analysis and Machine Intelligence，1986，PAMI–8（6）：679–698.

［15］Yousefi E，Baleghi Y，Sakhaei S M. Rotation invariant wavelet descriptors, a new set of features to enhance plant leaves classification [J]. Computers and Electronics in Agriculture, 2017, 140: 70-76.

[16] Evan Shelhamer, Jonathan Long, Trevor Darrell. Fully Convolutional Networks for Semantic Segmentation [M]. IEEE Computer Society, 2017.

[17] Taheri S, Vedienbaum A, Nicolau A, et al. OpenCV.js: computer vision processing for the open web platform [C] // the 9th ACM Multimedia Systems Conference. ACM, 2018.

[18] Long J, Shelhamer E, Darrell T. Fully Convolutional Networks for Semantic Segmentation [J]. IEEE Transactions on Pattern Analysis & Machine Intelligence, 2014, 39 (4): 640-651.

[19] Evan Shelhamer, Jonathan Long, Trevor Darrell. Fully Convolutional Networks for Semantic Segmentation [M]. IEEE Computer Society, 2017.

[20] Ronneberger O, Fischer P, Brox T. U-net: Convolutional Networks for Biomedical Image Segmentation [J]. 2015.

[21] 陈良宵, 王斌. 基于形状特征的叶片图像识别算法比较研究 [J]. 计算机工程与应用, 2017, 53 (09): 17-25+56.

[22] 刁智华, 袁万宾, 刁春迎, 毋媛媛. 病害特征在作物病害识别中的应用研究综述 [J]. 江苏农业科学, 2019, 47 (05): 71-74.

[23] 关海鸥, 李佳鹏, 马晓丹, 等. 基于图像处理和蚁群优化的形状特征选择与杂草识别 [J]. 农业工程学报, 2010, 26 (10): 178-182.

[24] 黄双萍, 孙超, 齐龙, 等. 基于深度卷积神经网络的水稻

稻瘟病检测方法［J］.农业工程学报，2017，33（20）：169-176.

［25］韩丁，武佩，张强，等.基于颜色矩的典型草原牧草特征提取与图像识别［J］.农业工程学报，2016，32（23）：168-175.

［26］刘洋，冯全，王书志.基于轻量级 CNN 的植物病害识别方法及移动端应用［J］.农业工程学报，2019，35（17）：194-204.

［27］赵玉林，曾小平.基于条纹投影的傅里叶变换轮廓术中高斯滤波窗口的研究［J］.成都航空职业技术学院学报，2020，36（02）：61-64+92.

［28］周绍景.基于隐马尔可夫模型的噪声图像类型识别技术［J］.电子设计工程，2020，028（006）：158-161.

［29］赵姗.基于深度学习的视频对象分割方法［D］.电子科技大学，2019.

［30］阮秋琦.数字图像处理学［M］.电子工业出版社，2007.

［31］郭利明.图像处理及图像融合［D］.西北工业大学，2006.

［32］张传雷，张善文，李建荣，等.基于图像分析的植物及其病虫害识别方法研究［M］.中国经济出版社，2018.

［33］闫靖波.基于 OPENCV 的图像分割与目标跟踪算法的设计与实现［D］.东北大学，2011.

［34］肖雨彤，张继贤，黄国满，等.FCN 与 CRF 结合的 polsan 影像建筑区域提取［J］.遥感信息，2020，35（03）：44-49.

［35］杨慧.基于曲线波的 FCN-CRF 主从网络的极化 SAR 影像的目标检测［D］.2018.

［36］丁亮，张永平，张雪英.图像分割方法及性能评价综述［J］.

软件，2010，31（12）：78-83.

[37] 肖衡．基于深度学习模型的水稻虫害病变面积测定方法［J］．新一代信息技术，2019，002（017）：65-70.

[38] 张楠，路阳，李欣，等．基于 softmax 的水稻稻瘟病识别方法研究［J］．信息记录材料，2018，19（01）：209-211.

[39] 路艳，肖志勇，杨红云，等．基于 Android 的水稻叶片特征参数测量系统［J］．南方农业学报，2019，50（03）：669-676.

[40] 李文采，李家鹏，田寒友，等．基于 RGB 颜色空间的冷冻猪肉储藏时间机器视觉判定［J］．农业工程学报，2019，35（03）：294-300.

[41] 胡玉平，肖行，罗东俊．基于 grabcut 改进算法的服装图像检索方法［J］．计算机科学，2016，43（S2）：242-246.

[42] 刘永波，雷波，曹艳，等．基于深度卷积神经网络的玉米病害识别［J］．中国农学通报，2018，34（36）：159-164.

[43] 宋彦，谢汉垒，宁井铭，等．基于机器视觉形状特征参数的祁门红茶等级识别［J］．农业工程学报，2018，34（23）：279-286.

[44] 谢凯．基于高光谱遥感的水稻稻瘟病分级检测技术［D］．长沙：湖南农业大学，2017.

[45] 赵玉霞，王克如，白中英，等．基于图像识别的玉米叶部病害诊断研究［J］．中国农业科学，2007（04）：698-703.

[46] 范宇航．基于深度学习的服装检索与搭配技术研究［D］．北京：电子科技大学，2017.

[47] 汪善义．改进 SIFT 算法及其在医学 CT 图像检索与配准中的应用［D］．天津：复旦大学，2012.

［48］李新疆，王赏贵，王丹，等．基于 HSV 色彩空间的红枣叶片病斑分割方法［J］．安徽农学通报，2020，26（04）：85-87.

［49］段杰，崔志明，沈艺，等．一种改进 FCN 的肝脏肿瘤 CT 图像分割方法［J］．图学学报，2020，41（01）：100-107.

［50］任守纲，贾馥玮，顾兴健，等．反卷积引导的番茄叶部病害识别及病斑分割模型［J］．农业工程学报，2020，36（12）：186-195.

［51］胡亮，曹艳，唐江云，等．基于物联网的玉米病害环境监测系统研究与实现［J］．中国农学通报，2020，36（22）：154-164.

［52］景庄伟，管海燕，彭代峰，等．基于深度神经网络的图像语义分割研究综述［J/OL］．计算机工程：1-30［2020-07-21］.

［53］张永宏，蔡朋艳，陶润喆，等．基于改进 U-net 网络的遥感图像云检测［J］．测绘通报，2020（03）：17-20+34.

［54］周建华，刘佳文，蔡文静，等．基于 Android 及 JSON 的"友农"APP 设计与实现［J］．计算机时代，2020（03）：40-43.

附录
源代码

　　本书为方便读者学习使用，将第二章、第三章基础算法源代码放于附录中，读者可自行学习使用。第四章至第七章因涉及知识产权，不便将源代码公开，对内容感兴趣的读者可直接与作者联系。

　　本书源代码主要使用 Python 语言 +OpenCV 形式编写，另需加入 Numpy 库和 Matplotlib 库支持。详细编程环境与参数配置如表 1 所示。所有代码经过作者实机测试可运行。

表 1　编程环境

名称	版本号
Python3	Python 3.7.3
OpenCV	OpenCV_python−4.1.0.25
Numpy	1.16.4
Matplotlib	3.2.1
操作系统	Windows 10、Ubuntu
编译器	PyCharm、IDLE

1　图像预处理代码

1.1　图像灰度化代码

（1）最大值法

```
import cv2.cv as cv

image = cv.LoadImage('yumi.jpg')
grayimg= cv.CreateImage(cv.GetSize(image), image.depth, 1)
for i in range(image.height):
    for j in range(image.width):
        grayimg[i,j] = max(image[i,j][0], image[i,j][1], image[i,j][2])
cv.ShowImage('srcImage', image)
cv.ShowImage('grayImage', grayimg)
cv.WaitKey(0)
```

（2）平均值法

```
import cv2 as cv
import numpy as np

image = cv.imread('huidu.jpg')
grayimg = np.zeros(image.shape, np.uint8)
for i in range(image.shape[0]):
    for j in range(image.shape[1]):
        grayimg[i,j] = (int(image[i,j][0]) + int(image[i,j][1]) + int(image[i,j][2]))/3

cv.imshow('grayImage', grayimg)
cv.imwrite('huidu2.jpg',grayimg)
cv.waitKey(0)
```

（3）加权平均值法

```
import cv2 as cv
import numpy as np

image = cv.imread('huidu.jpg')
grayimg = np.zeros(image.shape, np.uint8)
for i in range(image.shape[0]):
    for j in range(image.shape[1]):
        grayimg[i,j] = 0.3 * image[i,j][0] + 0.59 * image[i,j][1] +  0.11 * image[i,j][2]

cv.imshow('grayImage', grayimg)
cv.imwrite('huidu3.jpg',grayimg)
cv.waitKey(0)
```

1.2 图像增强代码

（1）绘制 2D 直方图

```
import cv2
import numpy as np
from matplotlib import pyplot as plt

img = cv2.imread('apple1.png',0)
hist,bins = np.histogram(img.flatten(),256,[0,256])
cdf = hist.cumsum()
cdf_normalized = cdf * hist.max()/ cdf.max()
plt.plot(cdf_normalized, color = 'b')
plt.hist(img.flatten(),256,[0,256], color = 'r')
plt.xlim([0,256])
plt.legend(('cdf','histogram'), loc = 'upper left')
plt.show()
```

（2）直方图均衡化

```
import cv2
import numpy as np
#读取苹果黑星病原图
img = cv2.imread('apple.jpg',0)
equ = cv2.equalizeHist(img)
res = np.hstack((img,equ))


cv2.imwrite('apple1.png',equ)
cv2.waitKey(0)
```

（3）构建杧果图像振幅谱

```
import cv2
import numpy as np
from matplotlib import pyplot as plt
#读取芒果图像
img = cv2.imread('mango.jpg',0)
f = np.fft.fft2(img)
fshift = np.fft.fftshift(f)
#构建振幅谱
magnitude_spectrum = 20*np.log(np.abs(fshift))
#并排输出图像
plt.subplot(121),plt.imshow(img, cmap = 'gray')
plt.title('Input Image'), plt.xticks([]), plt.yticks([])
plt.subplot(122),plt.imshow(magnitude_spectrum, cmap = 'gray')
plt.title('Magnitude Spectrum'), plt.xticks([]), plt.yticks([])
plt.show()
```

（4）傅里叶变换

```
import cv2
import numpy as np
import matplotlib.pyplot as plt

img = cv2.imread('mango.jpg', 0)
# 高通滤波
# 正变换
f = np.fft.fft2(img)
fshift = np.fft.fftshift(f)
magnitude_spectrum = 20 * np.log(np.abs(fshift))

rows, cols = img.shape
crow, ccol = int(rows / 2), int(cols / 2)
print('img.shape', img.shape)
# 低频过滤
fshift[(crow - 30):(crow + 30), (ccol - 30):(ccol + 30)] = 0
# 逆变换
f_ishift = np.fft.ifftshift(fshift)
img_back = np.abs(np.fft.ifft2(f_ishift))

plt.subplot(121), plt.imshow(img, cmap='gray'), plt.title('Input  Image'), plt.xticks([]),\
plt.yticks([])
plt.subplot(122), plt.imshow(img_back, cmap='gray'), plt.title('img_back'), plt.xticks([]),\
plt.yticks([])
plt.show()
```

1.3 图像平滑代码

（1）高斯滤波

```
import cv2
import numpy as np
from matplotlib import pyplot as plt
#读取甘薯叶片
img = cv2.imread('ganshu.jpg')
#高斯模糊
blur = cv2.GaussianBlur(img,(5,5),0)
cv2.imshow('Original',img)
cv2.imshow('Averaging',blur)
cv2.imwrite('ganshu1.jpg',blur)
cv2.waitKey(0)
cv2.destroyAllWindows()
```

（2）中值滤波

```
import cv2
import numpy as np
from matplotlib import pyplot as plt
#读取甘薯叶片
img = cv2.imread('ganshu.jpg')
#中值滤波
median = cv2.medianBlur(img,5)

cv2.imshow('Original',img)
cv2.imshow('Averaging',blur)
cv2.imwrite('ganshu2.jpg',blur)
cv2.waitKey(0)
cv2.destroyAllWindows()
```

（3）双边滤波

```
import cv2
import numpy as np
from matplotlib import pyplot as plt
#读取甘薯叶片
img = cv2.imread('ganshu.jpg')
#双边滤波
blur = cv2.bilateralFilter(img,9,75,75)

cv2.imshow('Original',img)
cv2.imshow('Averaging',blur)
cv2.imwrite('ganshu3.jpg',blur)
cv2.waitKey(0)
cv2.destroyAllWindows()
```

1.4 图像的几何变换代码

（1）图像缩放

```
import cv2
import numpy as np
img=cv2.imread('youcai.jpg')
res=cv2.resize(img,None,fx=2,fy=2,interpolation=cv2.INTER_CUBIC)
height,width=img.shape[:2]
res=cv2.resize(img,(2*width,2*height),interpolation=cv2.INTER_CUBIC)
while(1):
    cv2.imshow('res',res)
    cv2.imshow('img',img)
    if cv2.waitKey(1) & 0xFF == 27:
        break
cv2.destroyAllWindows()
```

178

（2）图像平移

```
import cv2
import numpy as np

#读取油菜花原图
img = cv2.imread("youcai.jpg", 1)

#获取原图尺寸信息
imgInfo = img.shape
height = imgInfo[0]
width = imgInfo[1]
mode = imgInfo[2]

#新建空白模板
dst = np.zeros(imgInfo, np.uint8)
#平移方向平移 100 像素
for i in range( height ):
    for j in range( width - 100 ):
        dst[i, j + 100] = img[i, j]

cv2.imshow('image', dst)
cv2.imwrite('pingyi.jpg',dst)
cv2.waitKey(0)
```

（3）图像镜像

```
import cv2
import numpy as np

img = cv2.imread('222.jpg',1)
#获取原图尺寸信息
imgInformation = img.shape
height = imgInformation[0]
width = imgInformation[1]
deep = imgInformation[2]
 #创建新图片的信息
newImgInfo = (height*2,width,deep)

#创建一个空图片模板
dst = np.zeros(newImgInfo,np.uint8)
#遍历图片的各个像素点
for i in range(0,height):
    for j in range(0,width):
        dst[i,j] = img[i,j]
        dst[height*2-i-1,j] = img[i,j]
for i in range(0,width):
#设置一条分界线
    dst[height,i] = (0,0,255)
cv2.imshow('image',dst)
cv2.waitKey(0)
```

（4）图像旋转

```
import cv2
import numpy as np

img=cv2.imread('youcai.jpg',0)
rows,cols=img.shape

#参数依次为旋转中心，旋转角度，缩放因子
M=cv2.getRotationMatrix2D((cols/2,rows/2),90,0.6)

# 第三个参数是输出图像的尺寸中心
dst=cv2.warpAffine(img,M,(cols,rows))
while(1):
    cv2.imshow('img',dst)
    cv2.imwrite('xuanzhuan.jpg',dst)
    if cv2.waitKey(1)&0xFF==27:
        break
cv2.destroyAllWindows()
```

（5）仿射变换

```
import cv2
import numpy as np

#读取油菜图片
img = cv2.imread('youcai.jpg')

#获取原图尺寸信息
rows,cols,ch = img.shape
#定义变换前后的 3 个点坐标位置
pts1 = np.float32([[50,50],[200,50],[50,200]])
pts2 = np.float32([[10,100],[200,50],[100,250]])
#仿射变换
M = cv2.getAffineTransform(pts1,pts2)
dst = cv2.warpAffine(img,M,(cols,rows))

cv2.imshow('Input',img)
cv2.imshow('Output',dst)
cv2.waitKey(0)
cv2.destroyAllWindows()
```

（6）透视变换

```
import cv2
import numpy as np

#读取座牌图像
img = cv2.imread('pai.jpg')
#获取图像尺寸
rows,cols,ch = img.shape

#定义变换前 4 个角点坐标位置 pts1
pts1 = np.float32([[30,135],[786,143],[84,512],[732,555]])
#定义变换后 4 个点坐标位置 pts2
pts2 = np.float32([[0,0],[cols,0],[0,rows],[cols,rows]])

#透视变换
M=cv2.getPerspectiveTransform(pts1,pts2)
dst=cv2.warpPerspective(img,M,(cols,rows))

cv2.imshow('Input',img)
cv2.imshow('Output',dst)
cv2.imwrite('pai1.jpg',dst)
cv2.waitKey(0)
cv2.destroyAllWindows()
```

1.5 形态学操作代码

（1）腐蚀

```
import cv2
import numpy as np
img = cv2.imread('jicai.jpg',0)
kernel = np.ones((4,4),np.uint8)
erosion = cv2.erode(img,kernel,iterations = 1)

while(1):
    cv2.imshow('erosion',erosion)
    cv2.imwrite('fushi1.jpg',erosion)
    if cv2.waitKey(1) & 0xFF == 27:
        break
cv2.destroyAllWindows()
```

（2）膨胀

```
import cv2
import numpy as np
img = cv2.imread('huiban.jpg',0)
kernel = np.ones((5,5),np.uint8)
dilation = cv2.dilate(img,kernel,iterations = 2)

while(1):
    cv2.imshow('erosion',dilation)
    cv2.imwrite('peng1.jpg',dilation)
    if cv2.waitKey(1) & 0xFF == 27:
        break
cv2.destroyAllWindows()
```

（3）开运算

```
import cv2
import numpy as np
img = cv2.imread('jicai1.jpg',0)
kernel = np.ones((6,6),np.uint8)
opening = cv2.morphologyEx(img, cv2.MORPH_OPEN, kernel)

while(1):
    cv2.imshow('erosion',opening)
    cv2.imwrite('kai2.jpg',opening)
    if cv2.waitKey(1) & 0xFF == 27:
        break
cv2.destroyAllWindows()
```

（4）闭运算

```
import cv2
import numpy as np
img = cv2.imread('huiban.jpg',0)
kernel = np.ones((6,6),np.uint8)
opening = cv2.morphologyEx(img, cv2.MORPH_CLOSE, kernel)

while(1):
    cv2.imshow('erosion',opening)
    cv2.imwrite('bi2.jpg',opening)
    if cv2.waitKey(1) & 0xFF == 27:
        break
cv2.destroyAllWindows()
```

（5）形态学梯度

```
import cv2
import numpy as np
img = cv2.imread('bi2.jpg',0)
kernel = np.ones((5,5),np.uint8)
gradient = cv2.morphologyEx(img, cv2.MORPH_GRADIENT, kernel)

while(1):
    cv2.imshow('erosion',gradient)
    cv2.imwrite('tidu.jpg',gradient)
    if cv2.waitKey(1) & 0xFF == 27:
        break
cv2.destroyAllWindows()
```

（6）顶帽

```
import cv2
import numpy as np
img = cv2.imread('jicai1.jpg',0)
kernel = np.ones((5,5),np.uint8)
tophat = cv2.morphologyEx(img, cv2.MORPH_TOPHAT, kernel)

while(1):
    cv2.imshow('erosion',tophat)
    cv2.imwrite('limao.jpg',tophat)
    if cv2.waitKey(1) & 0xFF == 27:
        break
cv2.destroyAllWindows()
```

（7）黑帽

```
import cv2
import numpy as np
img = cv2.imread('huiban.jpg',0)
kernel = np.ones((5,5),np.uint8)
blackhat = cv2.morphologyEx(img, cv2.MORPH_BLACKHAT, kernel)

while(1):
    cv2.imshow('erosion',blackhat)
    cv2.imwrite('heimao.jpg',blackhat)
    if cv2.waitKey(1) & 0xFF == 27:
        break
cv2.destroyAllWindows()
```

2 图像分割代码

2.1 阈值分割代码

（1）全局阈值

```python
import cv2
import numpy as np
from matplotlib import pyplot as plt

img = cv2.imread('jia.jpg',0)
#阈值设定为95
yuzhi = 95

#全局阈值的5种类型
ret,thresh1=cv2.threshold(img,yuzhi,255,cv2.THRESH_BINARY)
ret,thresh2=cv2.threshold(img,yuzhi,255,cv2.THRESH_BINARY_INV)
ret,thresh3=cv2.threshold(img,yuzhi,255,cv2.THRESH_TRUNC)
ret,thresh4=cv2.threshold(img,yuzhi,255,cv2.THRESH_TOZERO)
ret,thresh5=cv2.threshold(img,yuzhi,255,cv2.THRESH_TOZERO_INV)

titles = ['Original Image','BINARY','BINARY_INV','TRUNC','TOZERO','TOZERO_INV']
images = [img, thresh1, thresh2, thresh3, thresh4, thresh5]

for i in range(6):
    plt.subplot(2,3,i+1),plt.imshow(images[i],'gray')
    plt.title(titles[i])
    plt.xticks([]),plt.yticks([])

plt.show()
```

（2）自适应阈值

```
import cv2
import numpy as np
from matplotlib import pyplot as plt

img = cv2.imread('juzi.jpg',0)
# 中值滤波
img = cv2.medianBlur(img,5)

ret,th1=cv2.threshold(img,127,255,cv2.THRESH_BINARY)

th2 =
cv2.adaptiveThreshold(img,255,cv2.ADAPTIVE_THRESH_MEAN_C,cv2.THRESH_BI
NARY,11,2)
th3 =
cv2.adaptiveThreshold(img,255,cv2.ADAPTIVE_THRESH_GAUSSIAN_C,cv2.THRESH
_BINARY,11,2)

titles = ['Original Image', 'Global Thresholding (v = 127)','Adaptive Mean Thresholding',
'Adaptive Gaussian Thresholding']
images = [img, th1, th2, th3]

for i in range(4):
    plt.subplot(2,2,i+1),plt.imshow(images[i],'gray')
    plt.title(titles[i])
    plt.xticks([]),plt.yticks([])
plt.show()
```

（3）OTSU 二值化

```
import cv2
import numpy as np
from matplotlib import pyplot as plt

img = cv2.imread('orange.jpg',0)
#127 全局阈值
ret1,th1 = cv2.threshold(img,127,255,cv2.THRESH_BINARY)
#OTSU 二值化
ret2,th2 = cv2.threshold(img,0,255,cv2.THRESH_BINARY+cv2.THRESH_OTSU)
#5x5 高斯降噪后 OTSU 二值化
blur = cv2.GaussianBlur(img,(5,5),0)
# 阈值设为 0
ret3,th3 = cv2.threshold(blur,0,255,cv2.THRESH_BINARY+cv2.THRESH_OTSU)

images = [img, 0, th1,
img, 0, th2,
blur, 0, th3]
titles = ['Original Noisy Image','Histogram','Global Thresholding (v=127)',
'Original Noisy Image','Histogram',"OTSU's Thresholding",
'Gaussian filtered Image','Histogram',"OTSU's Thresholding"]

for i in range(2):
    plt.subplot(3,3,i*3+1),plt.imshow(images[i*3],'gray')
    plt.title(titles[i*3]), plt.xticks([]), plt.yticks([])
    plt.subplot(3,3,i*3+2),plt.hist(images[i*3].ravel(),256)
    plt.title(titles[i*3+1]), plt.xticks([]), plt.yticks([])
    plt.subplot(3,3,i*3+3),plt.imshow(images[i*3+2],'gray')
    plt.title(titles[i*3+2]), plt.xticks([]), plt.yticks([])
    cv2.imwrite('OTSU.jpg',th2)
plt.show()
```

2.2 边缘检测代码

（1）sobel 边缘检测

```
import cv2
from matplotlib import pyplot as plt
import numpy as np

# 加载图片，并转换成灰度图像
img = cv2.imread('suifu.jpg')
gray_img = cv2.cvtColor(img,cv2.COLOR_RGB2GRAY)

# Sobel 边缘检测
sobel = cv2.Sobel(gray_img,cv2.CV_64F,0,1)

#对图像进行反转，黑色白色颠倒
notsobel = cv2.bitwise_not(sobel)

# 展示效果
plt.subplot(121)
plt.imshow(gray_img,cmap=plt.cm.gray)
plt.title("(Original)")

plt.subplot(122)
plt.imshow(sobel,cmap=plt.cm.gray)
plt.title("(sobel)")

plt.show()
plt.tight_layout()
```

（2）拉普拉斯边缘检测

```
import cv2
from matplotlib import pyplot as plt
import numpy as np

img = cv2.imread('suifu.jpg')
gray_img = cv2.cvtColor(img, cv2.COLOR_RGB2GRAY)

# 拉普拉斯边缘检测
lap = cv2.Laplacian(gray_img, cv2.CV_64F)
# 对 lap 去绝对值
lap = np.uint8(np.absolute(lap))
#对图像进行反转，黑色白色颠倒
lap = cv2.bitwise_not(lap)

# sobel 边缘检测
sobel = cv2.Sobel(gray_img, cv2.CV_64F, 0, 1)
#对图像进行反转，黑色白色颠倒
sobel = cv2.bitwise_not(sobel)

# 展示效果
plt.subplot(121)
plt.imshow(gray_img,cmap=plt.cm.gray)
plt.title("(Original)")

plt.subplot(122)
plt.imshow(lap, cmap=plt.cm.gray)
plt.title("(Laplacian)")

plt.show()
plt.tight_layout()
```

（3）canny 边缘检测

```
import cv2
import numpy as np
from matplotlib import pyplot as plt

img = cv2.imread('ganshu.jpg',0)
edges = cv2.Canny(img,0,200)

plt.subplot(121),plt.imshow(img,cmap = 'gray')
plt.title('Original'), plt.xticks([]), plt.yticks([])
plt.subplot(122),plt.imshow(edges,cmap = 'gray')
plt.title('Canny'), plt.xticks([]), plt.yticks([])
plt.show()
```

（4）grabcut

```
from __future__ import print_function
import numpy as np
import cv2 as cv
import sys
class App():
    BLUE = [255,0,0]              # 作用域使用蓝色
    RED = [0,0,255]               # PR BG
    GREEN = [0,255,0]             # PR FG
    BLACK = [0,0,0]               # 确定为背景区域黑色
    WHITE = [255,255,255]         # 确定为前景区域白色

    DRAW_BG = {'color' : BLACK, 'val' : 0}
    DRAW_FG = {'color' : WHITE, 'val' : 1}
    DRAW_PR_FG = {'color' : GREEN, 'val' : 3}
    DRAW_PR_BG = {'color' : RED, 'val' : 2}
```

```
#设置标记
    rect = (0,0,1,1)
    drawing = False              #绘制曲线标志
    rectangle = False            # 用于绘制曲线的标志
    rect_over = False            # 若需检查标记
    rect_or_mask = 100           # 选择矩形或掩膜
    value = DRAW_FG              # 图像初始化 FG
    thickness = 3                # 笔刷厚度

    def onmouse(self, event, x, y, flags, param):
        # Draw Rectangle
        if event == cv.EVENT_RBUTTONDOWN:
            self.rectangle = True
            self.ix, self.iy = x,y

        elif event == cv.EVENT_MOUSEMOVE:
            if self.rectangle == True:
                self.img = self.img2.copy()
                cv.rectangle(self.img, (self.ix, self.iy), (x, y), self.BLUE, 2)
                self.rect = (min(self.ix, x), min(self.iy, y), abs(self.ix - x), abs(self.iy - y))
                self.rect_or_mask = 0

        elif event == cv.EVENT_RBUTTONUP:
            self.rectangle = False
            self.rect_over = True
            cv.rectangle(self.img, (self.ix, self.iy), (x, y), self.BLUE, 2)
            self.rect = (min(self.ix, x), min(self.iy, y), abs(self.ix - x), abs(self.iy - y))
            self.rect_or_mask = 0
            print(" Now press the key 'n' a few times until no further change \n")
```

```
# 绘制修补线

if event == cv.EVENT_LBUTTONDOWN:
    if self.rect_over == False:
        print("first draw rectangle \n")
    else:
        self.drawing = True
        cv.circle(self.img, (x,y), self.thickness, self.value['color'], -1)
        cv.circle(self.mask, (x,y), self.thickness, self.value['val'], -1)

elif event == cv.EVENT_MOUSEMOVE:
    if self.drawing == True:
        cv.circle(self.img, (x, y), self.thickness, self.value['color'], -1)
        cv.circle(self.mask, (x, y), self.thickness, self.value['val'], -1)

elif event == cv.EVENT_LBUTTONUP:
    if self.drawing == True:
        self.drawing = False
        cv.circle(self.img, (x, y), self.thickness, self.value['color'], -1)
        cv.circle(self.mask, (x, y), self.thickness, self.value['val'], -1)

def run(self):
    # Loading images
    if len(sys.argv) == 2:
        filename = sys.argv[1] # for drawing purposes
    else:
        print("No input image given, so loading default image, lena.jpg \n")
        print("Correct Usage: python grabcut.py <filename> \n")
        filename = 'lena.jpg'
```

```python
        self.img = cv.imread(cv.samples.findFile("xiang1.jpg"))
        self.img2 = self.img.copy()                          # a copy of
original image
        self.mask = np.zeros(self.img.shape[:2], dtype = np.uint8) # mask initialized to
PR_BG
        self.output = np.zeros(self.img.shape, np.uint8)          # output image to be
shown

        # input and output windows
        cv.namedWindow('output')
        cv.namedWindow('input')
        cv.setMouseCallback('input', self.onmouse)
        cv.moveWindow('input', self.img.shape[1]+10,90)

        print(" Instructions: \n")
        print(" Draw a rectangle around the object using right mouse button \n")

        while(1):
            cv.imshow('output', self.output)
            cv.imshow('input', self.img)
            k = cv.waitKey(1)

            # key bindings
            if k == 27:                  # esc to exit
                break
            elif k == ord('0'): # BG drawing
                print(" mark background regions with left mouse button \n")
                self.value = self.DRAW_BG
            elif k == ord('1'): # FG drawing
                print(" mark foreground regions with left mouse button \n")
                self.value = self.DRAW_FG
```

```
            elif k == ord('2'): # PR_BG drawing
                self.value = self.DRAW_PR_BG
            elif k == ord('3'): # PR_FG drawing
                self.value = self.DRAW_PR_FG
            elif k == ord('s'): # save image
                bar = np.zeros((self.img.shape[0], 5, 3), np.uint8)
                res = np.hstack((self.img2, bar, self.img, bar, self.output))
                cv.imwrite('grabcut_output.png', res)
                print(" Result saved as image \n")
            elif k == ord('r'): # reset everything
                print("resetting \n")
                self.rect = (0,0,1,1)
                self.drawing = False
                self.rectangle = False
                self.rect_or_mask = 100
                self.rect_over = False
                self.value = self.DRAW_FG
                self.img = self.img2.copy()
                self.mask = np.zeros(self.img.shape[:2], dtype = np.uint8) # mask
initialized to PR_BG
                self.output = np.zeros(self.img.shape, np.uint8)          # output
image to be shown
            elif k == ord('n'): # segment the image
                print(""" For finer touchups, mark foreground and background after
pressing keys 0-3
                and again press 'n' \n""")
```

```python
        try:
            if (self.rect_or_mask == 0):              # grabcut with rect
                bgdmodel = np.zeros((1, 65), np.float64)
                fgdmodel = np.zeros((1, 65), np.float64)
                cv.grabCut(self.img2, self.mask, self.rect, bgdmodel,
fgdmodel, 1, cv.GC_INIT_WITH_RECT)
                self.rect_or_mask = 1
            elif self.rect_or_mask == 1:              # grabcut with mask
                bgdmodel = np.zeros((1, 65), np.float64)
                fgdmodel = np.zeros((1, 65), np.float64)
                cv.grabCut(self.img2, self.mask, self.rect, bgdmodel,
fgdmodel, 1, cv.GC_INIT_WITH_MASK)
        except:
            import traceback
            traceback.print_exc()

        mask2 = np.where((self.mask==1) + (self.mask==3), 255, 0).astype('uint8')
        self.output = cv.bitwise_and(self.img2, self.img2, mask=mask2)

    print('Done')


if __name__ == '__main__':
    print(__doc__)
    App().run()
    cv.destroyAllWindows()
```

（5）分水岭算法

```
import cv2
import numpy as np
from matplotlib import pyplot as plt

img = cv2.imread('zao5.jpg')
gray = cv2.cvtColor(img,cv2.COLOR_BGR2GRAY)

ret, thresh =
cv2.threshold(gray,0,255,cv2.THRESH_BINARY_INV+cv2.THRESH_OTSU)

kernel = np.ones((3,3),np.uint8)
opening = cv2.morphologyEx(thresh,cv2.MORPH_OPEN,kernel, iterations = 2)
# sure background area
sure_bg = cv2.dilate(opening,kernel,iterations=3)

dist_transform = cv2.distanceTransform(opening,1,5)
ret, sure_fg = cv2.threshold(dist_transform,0.49*dist_transform.max(),255,0)
sure_fg = np.uint8(sure_fg)
unknown = cv2.subtract(sure_bg,sure_fg)

ret, markers1 = cv2.connectedComponents(sure_fg)
markers = markers1+1
markers[unknown==255] = 0

markers3 = cv2.watershed(img,markers)
img[markers3 == -1] = [127,255,0]

plt.imshow(img)
plt.imsave('大枣.jpg',img)
plt.show()
```

```
import cv2
import numpy as np
from matplotlib import pyplot as plt

img = cv2.imread('zao5.jpg')
gray = cv2.cvtColor(img,cv2.COLOR_BGR2GRAY)
ret, thresh =
cv2.threshold(gray,0,255,cv2.THRESH_BINARY_INV+cv2.THRESH_OTSU)

kernel = np.ones((3,3),np.uint8)
opening = cv2.morphologyEx(thresh,cv2.MORPH_OPEN,kernel, iterations = 2)
# sure background area
sure_bg = cv2.dilate(opening,kernel,iterations=3)

dist_transform = cv2.distanceTransform(opening,1,5)
ret, sure_fg = cv2.threshold(dist_transform,0.49*dist_transform.max(),255,0)
sure_fg = np.uint8(sure_fg)
unknown = cv2.subtract(sure_bg,sure_fg)

ret, markers1 = cv2.connectedComponents(sure_fg)
markers = markers1+1
markers[unknown==255] = 0
markers3 = cv2.watershed(img,markers)
img[markers3 == -1] = [127,255,0]

plt.subplot(121),plt.imshow(sure_bg,cmap = 'gray')
plt.title('sure_bg'), plt.xticks([]), plt.yticks([])
plt.subplot(122),plt.imshow(sure_fg,cmap = 'gray')
plt.title('sure_fg'), plt.xticks([]), plt.yticks([])
plt.show()
```

后 记

　　本书内容从研究到撰写历时 3 年，几经易稿，最终得以完成。仅将此书诚挚献给正在从事或即将从事计算机视觉、人工智能、模式识别、智慧农业、植物保护、农作物病害识别、农业信息化等工作领域的专家和学者。望书中内容能对广大读者有所启迪和帮助。

　　笔者所在团队的研究人员均由四川省农业科学院农业信息与农村经济研究所农业信息研究中心成员组成。团队于 2011 年开发了一套农业病虫草害多媒体数据库，数据库的资源包括：农业病虫害 1 832 种，特征图片 7 603 张。该库以网站形式服务于用户，只具备检索查询功能，在大数据、人工智能飞速发展的时代，已无法满足用户的需求。因此，团队于 2017 开始扩建病害数据库，并以病害图像为基础研发农作物病害图像识别算法模型，期间经过多个相关课题的技术研究工作，包括四川省科技厅"十三五"农作物及畜禽育种战略研究与云服务平台建设，四川省科技计划项目"基于深度卷积神经网络的玉米病害智能识别与分级鉴定研究"等。现将这些课题研究内容的经验和成果编纂出版，以供相关机构和研究人员参考。

在此，特别感谢四川省农业科学院农业信息与农村经济研究所雷波研究员和何鹏研究员在本书写作过程中给予的支持和帮助，也十分感谢安徽农业科学院情报研究所，四川省农业科学院植物保护研究所卢代华研究员团队、李晓研究员团队及四川省农业科学院土壤肥料研究所李小林博士团队对本书原始图像素材提供的帮助。同时，还感谢我的大学挚友、现云集共享科技有限公司高级产品专家李毅对本书程序源代码编写部分提出的宝贵建议。正是以上专家和同事的帮助，使本书最终得以成稿。

十分感谢四川科学技术出版社的领导、评审专家、本书责任编辑以及何光老师对本书出版工作的付出，在此对他们致以崇高的敬意。同时，感谢我的家人，谢谢他们对我长期埋头于科研事业的理解、支持和包容。

由于笔者学识水平有限，书中若存在争议或不妥之处，望广大读者不吝批评指正，再次表示感谢！联系邮箱：dylyb618@163.com。

刘永波

2020 年 8 月 25 日